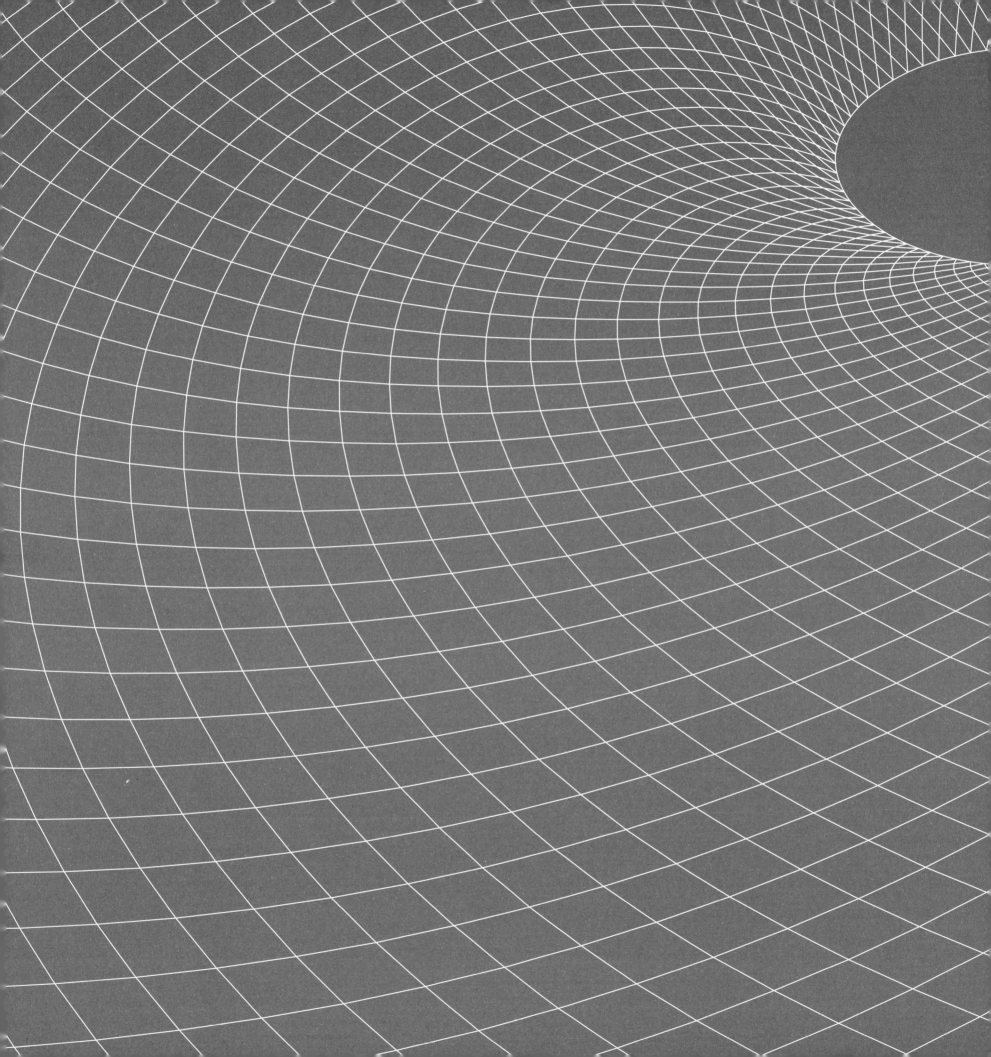

星耀樟宜机场

Jewel Changi
Airport

星耀樟宜机场

Jewel Changi Airport

[美] 山姆·卢贝尔（Sam Lubell）　[美] 雅龙·卢宾（Jaron Lubin）编　　付云伍 译

广西师范大学出版社
·桂林·

images
Publishing

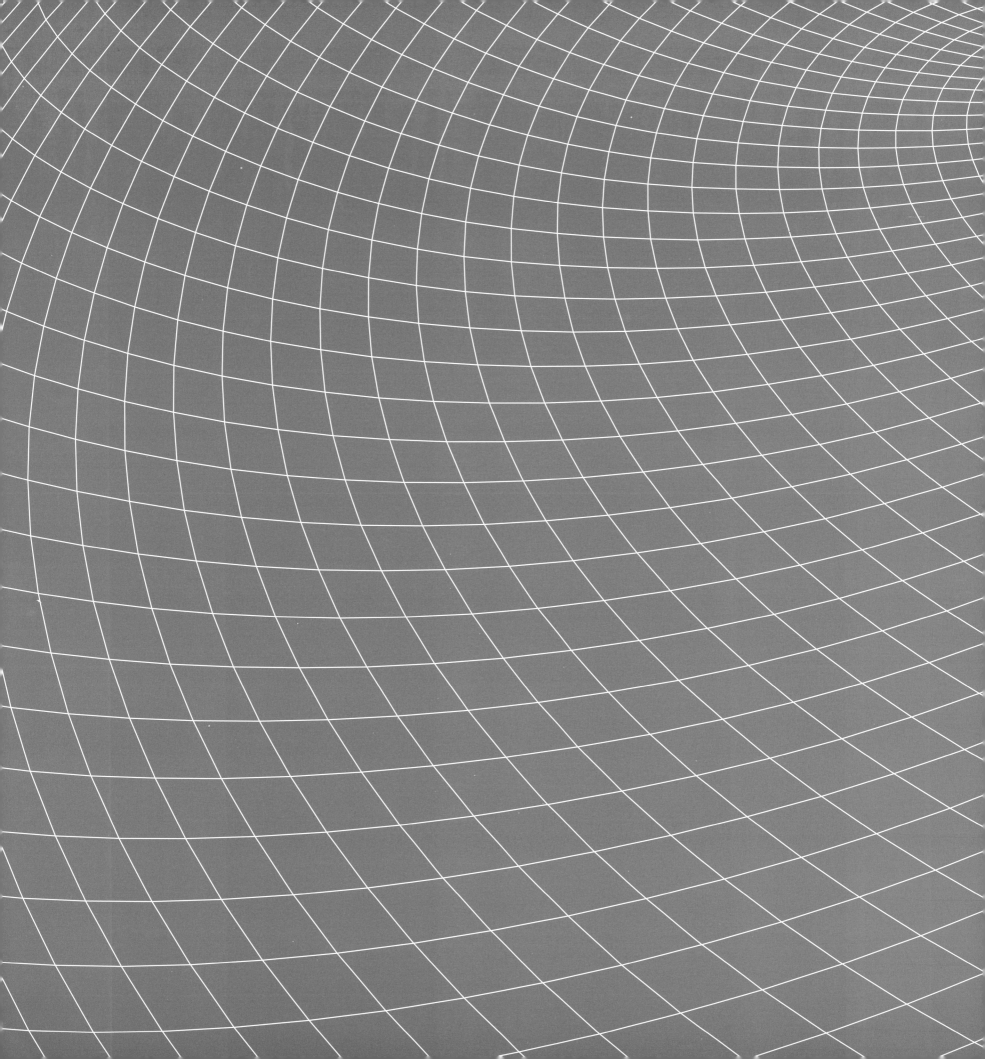

目录

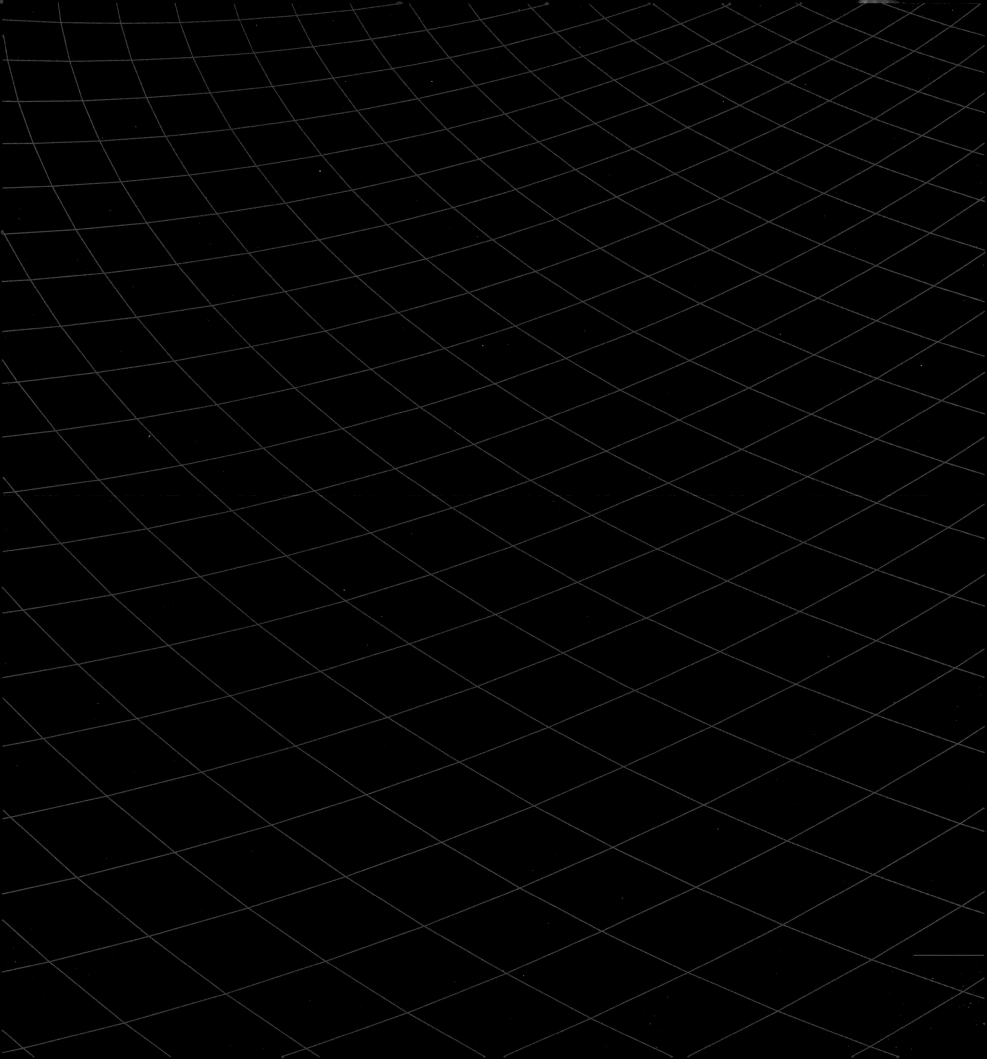

The Vision

愿景

何谓惊奇

山姆 · 卢贝尔

何谓惊奇？

《牛津英语词典》称其为"由美丽、非凡或陌生的事物引起的惊讶和钦佩的感受"。《韦氏大词典》视其为"引起惊异和赞叹的原因"。在《美国传统词典》中，它被定义为"由令人敬慕、震撼或惊讶的事物所激发的情感"。

对我而言，惊奇使我们的灵魂被感动并得到升华。它超越了我们的日常生活，在我们的精神和灵魂深处留下了印记。

当然，惊奇的定义是带有主观性的。但是对所有人来说，每当有这种体验时，那就是一种刻骨铭心的感受。遗憾的是，这正是我们在如今的航空旅行中鲜有的感受。

曾几何时，商业航空旅行至少在表面上是令人称奇的体验——以金属翅膀和前所未有的速度翱翔于蓝天，旅客们身着最体面的服装，手拿银制的餐具品尝瓷盘中的美味。最好的机场应该提供这种集速度、优雅和大胆于一身的体验。可是如今，航空旅行却普遍成为一种劳神的经历，旅客们在机场尝尽了各种烦琐、乏味又不近人情的流程的苦头。

然而，星耀樟宜机场（后文简称星耀）却让航空旅行重新变成一种惊艳而奇妙的体验。它回归以旅客为中心的理念，为旅行体验及公共空间创造了一种全新范式。它以全新的方式将建筑、都市生活、公共空间、景观绿化、交通和零售巧妙地融为一体。它不仅仅是一座建筑，也不仅仅是一座花园，而是一个具有多层次空间和维度体验的综合设施。

这种飞跃式的跨领域构想彰显了"惊奇"与"惊叹"或"惊讶"的区别，以及星耀与其他项目的差异。星耀这样的奇迹为人们提供了似曾相识的体验，让我们重温童年时代的新奇冒险之旅，唤醒了我们对旅行的好奇感。

在这个缺乏新鲜感的时代，这一点是尤为重要的。因为我们体验着太多的数字化产品，却很少深入地体验"真实的生活"。

蕾切尔 · 卡森（Rachel Carson）和她的《寂静的春天》（Silent Spring）一书曾引发了现代环境保护运动。她在半个多世纪之前就曾谈到过这种背离的情况：

"孩子的世界是清新和美丽的，充满了奇趣和激情。然而不幸的是，对大多数人来说，辨别美丽和令人惊叹的事物的本能却在成年之前就已衰退，甚至消失殆尽。

如果我能够去影响一个为所有孩子主持洗礼的善良仙女，我会请求她赐给世上每一个孩子一颗好奇心。这颗好奇心将坚不可摧地伴随他们的一生，作为一种永久有效的解药对抗未来岁月中的无聊和失望，让他们避免对虚伪事物的徒劳关注，避免疏离这种人类力量的源泉。"

星耀凭借令人惊叹的自然空间层次和人造景观，以及包罗万象的社区功能，以真实而全面的体验激发着人们内在的力量源泉。它满足了我们与更广阔的世界（包括人类和非人类）进行深层次互动的生理需求。正如《亲生命性假说》（The Biophilia Hypothesis）的作者爱德华·O.威尔逊（Edward O. Wilson）所说："我们渴望与其他的生命形式融为一体。"

《亲生命性效应》（The Biophilia Effect）一书的作者克莱门斯·G.阿韦（Clemens G. Arvay）曾经写道："我们是自然界的生物，人类和其他物种之间有着紧密的联系。如果我们否认这种联系，或者做出一些违背它的事情，我们就不会找到精神或情感上的平衡。"

在一个都市化和分裂化进程加快的世界里，我们尤为迫切地需要与比我们更庞大的事物和谐相处，譬如，更大的人类社区和其他形式的生命。此外，我们渴望借由大自然的景色、声音、感觉和味道获得健康，释放压力，恢复身体的元气，增强免疫力。当我们进一步走入自己的内心深处时会发现，在远离自然的时候，我们需要感受到更大的生命体，需要离开我们的"人造泡沫"，并提醒自己是属于自然的生物，自然是我们的家园。

要创造如此与众不同、意义深远的事物，需要一个能创造真正的奇迹的先决条件：超越过去，超越舒适。在星耀项目中，要做到这一点具有相当程度的复杂性、协调性和风险性，超越这些本身就是一个奇迹。它的概念既极其简单，又惊人地复杂。在实施的过程中，各个部分之间不可避免地会产生多方面的相互影响，这让参与者们好像是在演奏一曲交响乐，而不是按照那种工作流程图的方式工作。

樟宜机场是新加坡的新门户，带着鲜明的地方烙印成为这个世界的一个现代化枢纽——完美地囊括了这个时代和这个地方最好的一切。这里采用的每一项技术几乎都是该领域的前沿技术。在这个地球上，没有

一个地方能像新加坡这样有效地缓解人口密度和城市化带来的影响。这个拥有561万（2017年）人口的国家，面积只有719.9平方千米。樟宜机场体现了新加坡巧妙利用规划、绿色法规、标志性建筑和不断改造来提高宜居性的全方位努力，从而为新加坡确立了国际声望。

通过大胆、多维而具有开拓性的创新设计，樟宜机场再次提升了航空旅行体验和公共空间的品质，这是值得我们庆贺的。在《巴比伦空中花园之谜》（The Mystery of the Hanging Garden of Babylon）一书中，作者斯蒂芬妮·达利（Stephanie Dalley）描述了世界奇迹的标准：具有"宏伟构想、壮观工程和辉煌艺术性"的项目。在空中花园出现2500多年之后，星耀项目不仅达成了这些超高的标准，还满足了一个简单的标准：让你流连忘返，不肯离去。不知你上一次在机场有如此感受是在何时？

星耀项目位于樟宜标志性的机场控制塔台后面

信仰的飞跃

樟宜机场集团

廖文良
董事会主席

最近，我陪同中国驻新加坡大使洪小勇参观了星耀樟宜机场。当他第一眼望到机场时便转向他的同事，用普通话说道："这是新加坡的创新！"然后，他又礼节性地用英语向我重复了此话。

"星耀项目的确是在理念和技术上大胆创新的成果，"我回应道，"而大约40年前这里曾是一个露天停车场，我是当时负责建设停车场的工程师。如今它已摇身一变，成为一个具有高价值、多功能的商业资产。它不仅具有机场功能，还拥有购物中心、餐厅、酒店、娱乐设施和景观景点，以及2 500个停车位。"

星耀项目表明了，为确保樟宜机场国际领先的航空港地位，我们从未停止努力。虽然我在1975年便参与了樟宜机场早期阶段的建设，但星耀才是我职业生涯中真正的亮点之一。

我们至少在9年前就已开始筹划这个项目。当时，樟宜机场1号航站楼的停车位严重不足，但是由于它被2号航站楼和3号航站楼所包围，扩建只能在它前面的露天停车场进行。然而，我们拒绝了在那里建造多层停车场这一简单而平庸的解决方案。

一天，樟宜机场集团首席执行官李绍贤先生前来找我，提出想在这块地上建造一座带有停车位的商业建筑，并使其与1号航站楼的扩展部分融合。这一提议为我们重新设想机场设施的规划提供了可能性。

坦白地说，我当时很怀疑这一想法在资金上是否具有可行性。但是我把这个顾虑留给了李先生和他的团队，促使他们去创新，以实现他的新"梦想"。最终，世界著名建筑师摩西·萨夫迪构思并设计出了一个大胆而富有想象力的玻璃穹顶建筑。

整个项目始终贯穿着一个关键的战略目标：升级樟宜国际机场，以保持其作为国际航空枢纽的吸引力，在接待中途停留旅客的同时，为其提供更多"愉快的中转时光"。我们还希望为那些在此换乘其他交通工具的旅客提供更好的服务，如那些在新加坡转乘邮轮或渡轮的旅客。我们希望星耀樟宜机场能成为所有新加坡人与家人和朋友共度快乐时光的空间。

勇气与魄力

星耀项目的实施过程绝非一帆风顺。除了资金方面的问题，我们还必须解决各家代理机构提出的问题：樟宜机场是否需要另一个购物中心，以及星耀的出现是否会对附近的商店和购物中心造成冲击，是否会加剧零售人员的短缺，是否会引起机场的交通堵塞等问题。

这些都是合情合理的关注和担忧，我们为此花费了三年去说服所有的利益相关方。我们向内阁提交了星耀项目的方案之后，最终，获得了李显龙总理的大力支持。他的回复令人倍感鼓舞："我们认为这是一次'信仰的飞跃'。"在当年的国庆庆典上，星耀项目的概念构思被介绍给所有的新加坡人，令人们无比兴奋。在随后的四年半里，这一综合项目的建设工作更是历尽艰难，萨夫迪先生把该项目的技术难度系数认定为极高的0.9。

为民用航空确立新的行业基准

2019年4月17日是星耀樟宜机场正式启用的日子，来自各个民族的各个年龄段的人们前来祝贺、参观，甚至一些残障人士也坐着轮椅来到这里。他们面带微笑，难掩兴奋之情，被眼前这个魅力超凡的工程深深吸引。一些人甚至看得目瞪口呆，为新加坡能够建造如此神奇的建筑而倍感惊讶。

我几乎可以听到他们自豪的心声——新加坡可以建造这样的建筑，它属于我们。

星耀项目在国际上也引起了广泛关注，在各种新闻报道中好评如潮。

最近，一位带着两个孩子的先生在星耀的五楼当面向我祝贺它的成功。他说在过去的两个月里，他已经五次前来享受这里的设施了。星耀项目确立了民用航空的新基准，大大提升了樟宜机场作为国际航空枢纽的地位，还为那些可能不是航空旅客的人们提供了额外的享受空间。

新加坡的土地极为珍贵，我很高兴我们通过把露天停车场改造为星耀项目，创新性地释放了它的真正价值。随着樟宜机场集团进入新的十年发展期，以及樟宜东部开发项目的展开，我们将迎接更加不可预测的航空环境带来的风险和挑战。

我们也许不知道未来会是什么样子，但是只要我们的人民仍然深信樟宜机场的成就所强调的价值观和使命感，我们就可以确信，新加坡航空枢纽将继续保持竞争力和领先地位。

让旅行变得更加美好

樟宜机场集团

李绍贤
首席执行官

自从1981年开放以来，樟宜机场迅速成为国际航空枢纽。樟宜机场目前为全球120多家航空公司提供服务，从这里可飞往100个国家和地区，约380个城市。每周约有7 400架次航班从这里降落或起飞，每年约有6 600万旅客进出机场。迄今为止，樟宜机场已获得近600项最佳机场奖。

星耀项目建在1号航站楼前面的露天停车场上。它的设计就是为了帮助樟宜机场适应地区的日益发展和世界的不断变化。它是我们不断创新和变革的产物，我们想要开发出改变行业规则的航空港。

在这个新开发的项目的创造过程中，首先需要满足的是实用功能的需求。但更为重要的是，我们希望它能够重新塑造机场的形象，留给旅客难忘的回忆，成为一个体现新加坡走向世界的标志性门户。

我们的方案是基于我们长久以来在对樟宜机场的开发和运营中所获得的经验。通过樟宜机场伟大的绿植工程，我们知道神奇的园艺会带来什么。我们是最早提供密集型零售服务的机场之一，我们知道如何引起旅客的共鸣。我们还知道，我们需要更大的魅力去吸引旅客。但是，这些梦想毕竟仅仅是纸上谈兵，我们需要真实的建筑去展示梦想。

我们收到并仔细阅读了国际各方的竞标方案，显然只有凯德置地和萨夫迪建筑事务所的团队真正理解了我们的梦想，并能够将其转化为实体形态。他们提交的方案不仅优美，还十分实用。萨夫迪释放了这块土地的所有潜力，并让建筑更亲近自然，与自然无缝融合。这不是一个华而不实的项目方案，也不是仅仅为了中标而设计的方案，它细心地考虑了我们的客户，并努力满足他们的需求。其实，对于方案中的每一个元素，我们都小规模地实践过，而且获得了客户良好的反馈，但是之前的实践都没有达到如此大的规模，也不是在一个地方进行的。而这次，我们将在一个地方实现所有的梦想。

摩西·萨夫迪以突破性的思维创造了一个天堂般的花园，大大超出了我们对创新园艺设计的期待。正如他所说："这是独一无二的花园。"他建议将商场、活动中心和天堂花园融为一体。这是一种新类型的城市设施，将商业活动与自然环境结合在一起。星耀这样的多功能开发项目使我们可以服务于不同的客户群体——无论本地居民还是前来新加坡观光的游客，并以难以抗拒的魅力吸引人们来到这里。

星耀樟宜机场于2019年4月17日正式启用，不计其数的草图最终成为现实。星耀所提供的一切令无数新加坡人和旅客惊叹不已，从启用至

樟宜机场的控制塔台、1号航站楼和露天停车场，这里就是星耀项目的用地

今，已有数百万人光顾过这里。现在，星耀如同王冠上闪闪发光的宝石，令樟宜机场熠熠生辉，不仅使这座世界领先的航空枢纽魅力倍增，还提升了新加坡的旅游吸引力。

在这里，你可以获得各式各样的体验。你可以像孩提时代那样重新在蹦床上跳跃，或者从新的视角去眺望控制塔台。它是安静与喧闹的结合体。从根本上说，星耀是一个十分具有包容性的项目，体现着强烈的社区意识。

我的脑海里最美的画面就是当你走进森林谷时，看到国外的游客，看到本地的居民，看到白发的老人，看到充满活力的年轻人……所有人都带着笑颜，他们都在这里度过了愉快的时光。这就是我要完成这一项目的原因。

纵观世界各地的机场，我们可以得出这样的结论——它们的设施还有很大的潜力尚未开发。在这一方面，我们目前所做的一切已经完全超出了我们的预想。

我们希望星耀项目有助于改变旅行的意义，有助于让所有的机场变得更为人性化、趣味化，当然也更加令人愉悦。它将创造无数令人难以忘怀的回忆，让旅行变得更加美好。我们期待在这里迎接全世界的旅行者。

"我们目前所做的一切已经完全超出了我们的预想。"

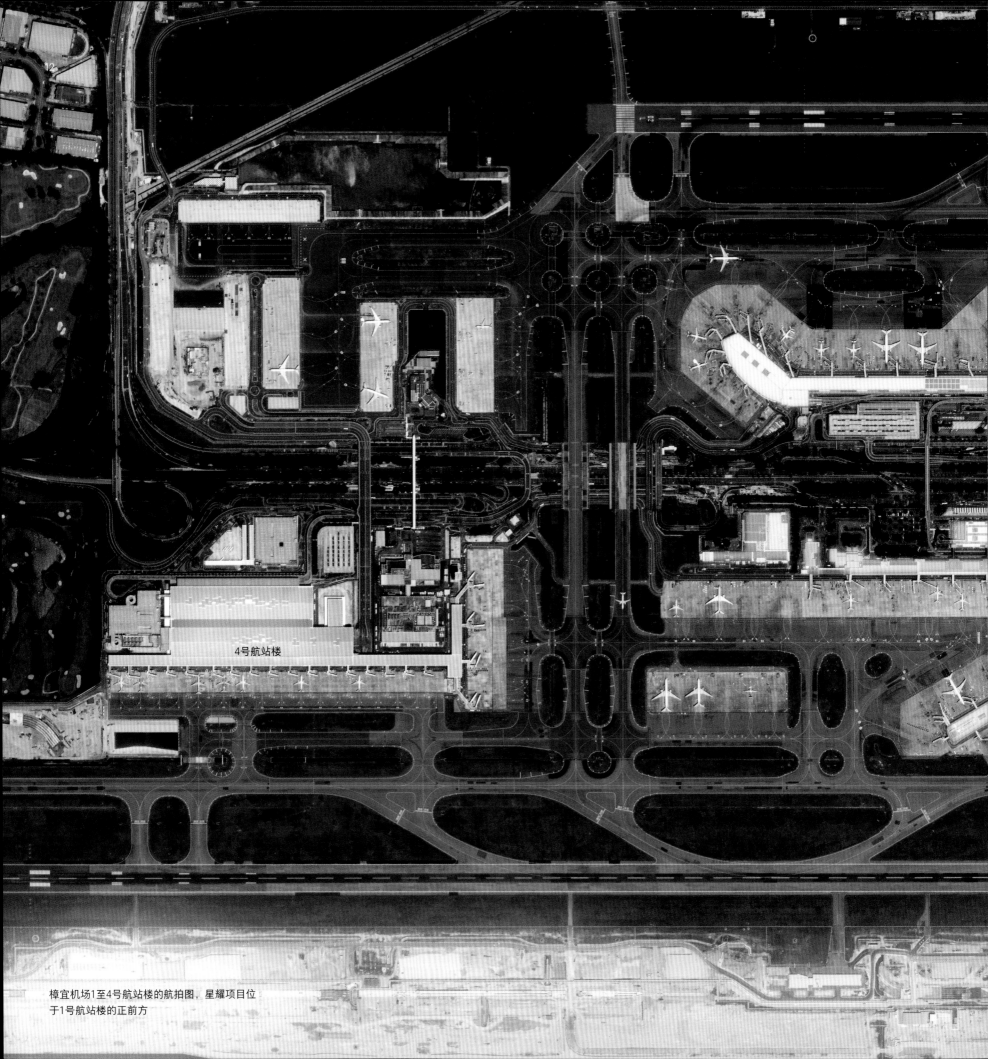

4号航站楼

樟宜机场1至4号航站楼的航拍图，星耀项目位
于1号航站楼的正前方

3号航站楼

机场大道

2号航站楼

星耀樟宜机场

1号航站楼

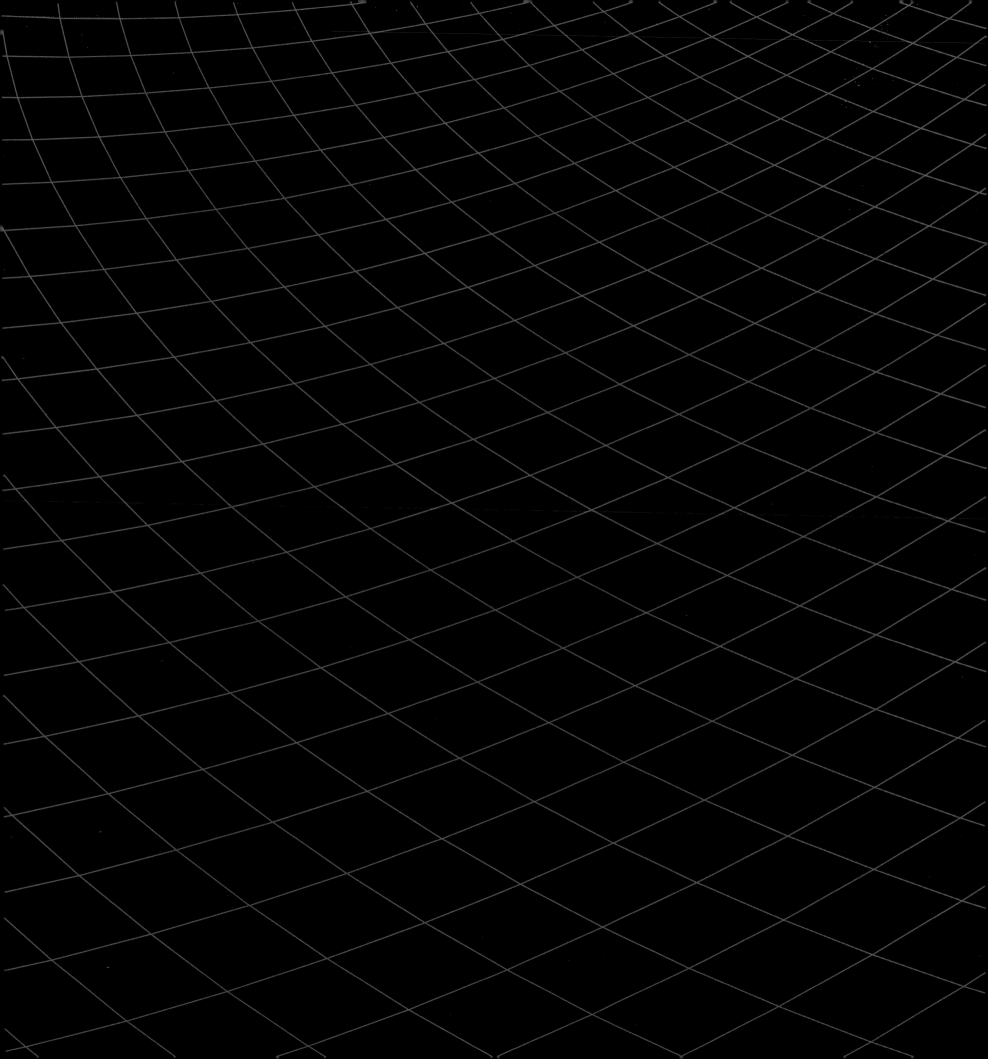

The Design Concept

设计概念

星耀项目的效果渲染图，项目位于1号、2号和3号航站楼之间

摩西·萨夫迪
萨夫迪建筑事务所

与许许多多的机场一样，新加坡樟宜机场也在逐渐发展壮大，分别在1981年、1990年和2008年增加了急需的新航站楼。到了2012年，机场面临的压力再次增加，这促使官方考虑在1号航站楼的南侧，也就是位于航站楼和空中控制塔台之间的停车场进行扩建。他们还考虑建造一些新的设施，而这些设施是樟宜机场和其他机场从未拥有过的。

直到最近，很多机场的主要关注点仍然是机场运营和旅客的直接需求。在过去的几年里，机场出现了一种新的模式：将零售业务集中在旅客必经的通道上，以便创收。这一策略主要是基于免税专营店的开设，然后扩展到各种类型的商店，包括时装和电子产品专卖店等。

尽管这些开发通常发生在机场的空侧，但是机场的陆侧也正在发生变化。包含酒店、办公空间、区域交通中心、仓储和物流设施的机场城正在日益演变为城市中心，既服务于旅客，又服务于整个城市。

当樟宜机场的官员和新加坡政府构想星耀项目计划时，一定已经考虑到这种演变了。这是一个为旅客、机场员工和新加坡公民提供空中和陆上服务的设施，比以往任何机场设施提供的服务范围都要大得多。根据他们的项目说明书，星耀一定要成为一个重要的旅行目的地和景点，因此，项目需要引入娱乐设施以及种类繁多的餐饮项目，增强零售服务功能。正如项目说明书中所述——这里将成为一个迷人的景点。樟宜机场的管理层认识到，要使星耀成为他们所期望的旅行目的地，就必须吸引旅客选择樟宜机场作为终点，而不是选择该地区其他具有竞争力的机场。于是，他们发起了竞标活动——这已成为新加坡所有大型公共土地项目的惯例，从而让全世界的开发商和建筑师帮助他们确定这个神奇景点的样貌。

设计竞标于2012年9月启动。每一个开发商、建筑师团队都提出了一个可盈利、资金上可自给自足的设计方案，构想出这个综合设施的样貌，以及应该纳入什么样的景观。中标的开发商会和樟宜机场成立合营公司，共同承担和分享项目产生的成本与收益。因此，富于创造性的构思必须伴有具有竞争力的金融盈利模式。我们已经与凯德置地建立了合作伙伴关系，最近有三个重大项目是由两个团队共同设计和构思的：位于新加坡中心地带的晴宇（Sky Habitat）住宅区、上海的晶萃广场（LuOne）综合开发项目以及位于重庆黄金地段的朝天门来福士广场（Raffles City Chaotianmen）综合开发项目。

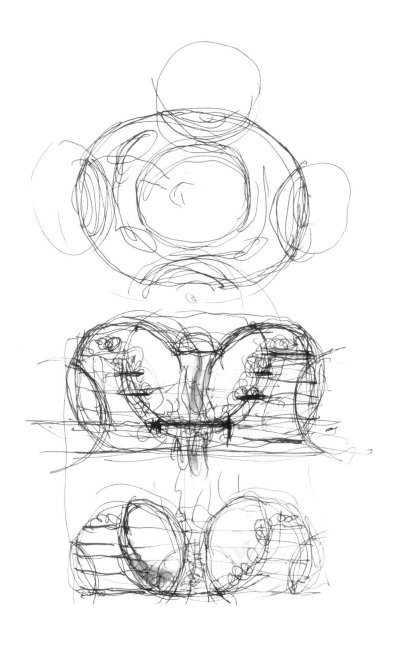

早期的设计草图展示了建筑物的几何造型
和组织结构，以及森林谷和雨漩涡的成因

这次竞标的特点使他们兴奋无比，在探索和创造的过程中充满了激情。对于拥有90 000平方米零售区域的项目，尽管所有入围的开发商都具有丰富的设计经验和专业技能，但我们所关注的却是整体感受和体验，正是这点让我们最终从众多的竞争者中胜出。

据我们观察，大多数迷人的景点通常聚焦于对奇幻世界的创造，这种模式始于迪士尼乐园，并在世界各地迅速蔓延。这些景点包括虚构的历史背景、故事主题，以及诸如恐龙、水族馆和沙漠花园这样的元素。在和凯德置地的头脑风暴中，我们探讨了很多这样的可能性，其中包括建造恐龙主题公园，这将吸引大量的年轻人，也许还有他们的父母。

但是，我对此也有一些疑虑，因为很多主题对特定的人群根本没有吸引力。此外，一旦你曾经体验过这些主题，通常不会有再次体验的冲动，喜欢多次体验的人可谓寥寥无几。任何只对大多数成年人或大多数儿童具有吸引力的主题似乎都不适合机场的环境。从概念上来说，我们想要服务的旅行者，他们是具有不同的年龄、收入和兴趣的人群。

因此，我们需要更为通用、更为永恒的主题元素，同时，满足新加坡居民和航空旅客的共同需求也非常重要。旅行会给人们带来紧张和压力，而航站楼是人们每次重大旅行前后的必经之地。长途航班是新加坡人重要的出行方式，而新加坡也是各种国际航班的转乘之地。所以，创造一个既能让人平静，又能令人振奋，还能洗去旅途疲惫的场所，似乎是最合适的做法。

于是，一个庞大的花园的设想浮出水面。这个花园完全不同于你曾经体验过的任何室内花园，它将是一个商业与自然环境融合之地。它在商场、集市和购物中心之间形成了一种平衡的关系，使这些商业设施与巨大的都市花园和谐共存。此外，这个花园将被完全封闭在室内，以免受室外喧嚣、燥热环境的侵扰，成为真正的都市绿洲。

新加坡被赞誉为"花园城市"，是世界上绿化最好的城市之一。有鉴于此，星耀必将成为伟大的城中花园。新加坡已经拥有了一个世界著名的植物园，最近又增添了一个海湾花园，为居民和游客提供了一个温度可控、舒适怡人的热带和亚热带花园。我们还能创造出另一个自然胜景吗？

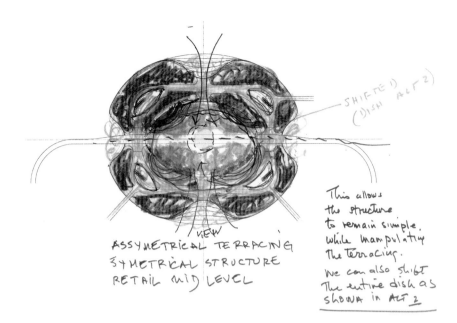

ASSYMETRICAL TERRACING
SYMETRICAL STRUCTURE
RETAIL MID LEVEL

This allows
the structure
to remain simple.
While manipulating
The terracing.
We can also shift
The entire dish as
shown in ALT 2

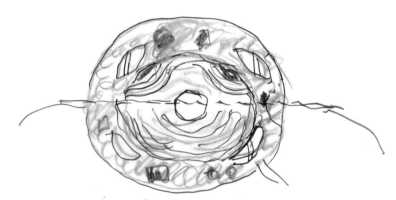

ASSYMETRICAL TERRACING
SYMETRICAL STRUCTURE
ROOF LEVE

早期的草图展示了花园（绿色）和零售区域
（红色）

随着这一构思的浮现，我们开始绘制概念草图，并将抽象的概念转化为有形的方案。由于场地呈矩形，一端与1号航站楼相接，但与2号和3号航站楼并未直接相连（一条列车轨道将场地一分为二），因此，我们最初计划在场地的周围开发一个椭圆形的购物拱廊，并通过三个连接点将拱廊与其他航站楼相连。这个购物设施以及机场设施很快便演变为一个五层的堆叠空间。最终，这些草图演变为一个巨大的椭圆形穹顶结构，将大部分的场地覆盖在内，包括盘旋一圈的购物拱廊和巨大的花园。

当一个犹如甜甜圈的圆环面结构形成时，这一设计开始呈现出活力，向内下沉的穹顶在空间中创造了一个悬浮的"天眼"。这样一个由玻璃和钢架组成的结构可以让阳光透射而入，不仅能为每层带来充足的照明光线，还能维持分布于各层的植物的生长。它还可以通过巨大的屋顶收集雨水，让雨水汇入"天眼"之内，形成高达40米的瀑布流入内部空间。我们通过计算得出，如果新加坡的雨量充足，这个瀑布的流量可达3 780升/分钟——这强有力地展现了大自然的力量。这些雨水将被收集和重新调配，以最大限度地实现可持续性。随着我们的工作正式展开，这些草图很快变成了详细而复杂的3D结构图。同时，我们几乎立即研究出了体现这些结构和空间分布的巨大模型。

正如人们所预料的，尽管这是一个椭圆形的结构，但是屋顶的圆环面在长、短两轴上都是对称的。然而，我们很快就意识到，这样一来瀑布就会落到已经建好的列车轨道上。这条轨道正好从建筑的中心穿过，那么列车每次经过时都会被淋湿，这显然是不可接受的。于是我们将其修改为一种非对称的环形面结构，将涡流瀑布向控制塔台一侧转移，从而避开列车的线路，并形成一系列更为复杂、优美的空间和结构。尽管这一变动让我们花费了几个月的时间去解决几何与结构复杂性的问题，但是我们从未停止享受建筑和空间规划所带来的愉悦感。

花园与繁忙的商场共存的抽象概念现在变得愈发具体和真实。考虑到新加坡众多的"竞争者"，这个花园能否成为一个真正的胜景，或者能否在一两代人之中都保持魅力不减，我们一开始对此是怀有疑虑的。但是，当我们对方案的三维模型进行审视之后，这些疑虑便彻底烟消云散了。这个花园会一直延伸到一个高地之上，那里可以融入众多的景点，为年轻人和老年人提供各种活动场所——活动广场、啤酒花园、

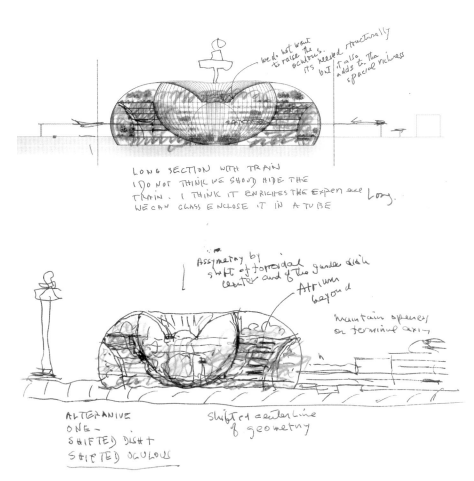

这些草图展示了将建筑物的几何中心移至樟宜
机场高架轻轨以北的过程

滑梯、迷宫和绳网步道。此外，那里还会出现阶地花园，一直向下延伸到"森林谷"，植物群落在那里形成自己的生态环境，步行小径从高地蜿蜒伸入谷底，让人们可以探索花园、攀登斜坡、观赏瀑布，并穿越惊心动魄的峡谷。这里也是购物区域和花园之间的视觉连接点。

为此，花园的支持者和商场的拥护者之间发生了激烈的讨论。比如，那些零售店是否应该从外围的环路渗透到花园中，让那些游览花园的人们知道它们的存在？店面和零售品牌是否应该纳入建筑的田园体验之中？我们的建议是，虽然商场和花园是两个截然不同的环境，但是它们应该和谐共存，展现各自的风采。因此，花园里不会有任何商业设施，但是餐厅和咖啡馆的就餐区和休息区可以扩展到花园上空，以便让顾客享受周围的自然美景。除此之外，游客的视线将被限制在大门和峡谷之内，花园和零售店将在那里与不同的航站楼相连。

凯德置地在2014年2月13日向樟宜机场集团提交了设计方案，同时提交设计的还有联盛集团（Lendlease）（与Grimshaw事务所一起）和远东集团（Far East Organization）（与UNStudio事务所一起），竞争的激烈程度可见一斑。如我们预料的一样，其他团队提出的方案比较偏于传统的主题公园，其中一个方案真的是要修建一座恐龙公园。从建筑的角度看，其他方案中的建筑似乎更像是位于机场中心的一个购物广场。而我们将巨大的穹顶作为机场的新焦点，在形式和功能上将各个航站楼整合为一体，与其他各方的方案形成了鲜明对比，这也是我们最终被选中的重要原因。

另外，花园的永恒性和可持续性也为我们的方案提供了有力的支持。星耀是与众不同的，其室内森林的设计有助于提升这一大规模城市开发项目的人性化程度。当你走入其间，会发现这里看上去并不像一个建筑结构，而更像是一个有机体，一个几乎不受地心引力控制的天外来物，你完全看不出是什么在支撑着这个建筑。我认为，这正是星耀的闪光之处。机场有时是一个令人感到混乱和紧张的地方，星耀却提供了一种别样的体验，为游客和市民、老人和年轻人提供了丰富多样的服务。我希望，人们能够来星耀参观、体验，并感到精神振奋，希望星耀能够向世人展现一种可能性——机场也可以是一个清静之地。

当樟宜机场集团与凯德置地集团在2014年5月3日宣布成立合营公司之后，我们便与工程、景观、气候、结构、声学和建筑领域的杰出专家并肩协作，开启了这一具有挑战性的建筑开发和实施过程。在这一过程中，我们锲而不舍、孜孜不倦，成功解决了众多程序性、操作性和技术性难题。

① 雨漩涡
② 森林谷
③ 星空花园
④ 零售店
⑤ 浸入式花园
⑥ 美食大厅
⑦ 停车场
⑧ IMAX剧场
⑨ 客运巴士进入通道
⑩ 地下二层
⑪ 第一层
⑫ 第二层
⑬ 第三层
⑭ 第四层
⑮ 第五层

横剖面图展示了并存于星耀之内的花园和
商场空间

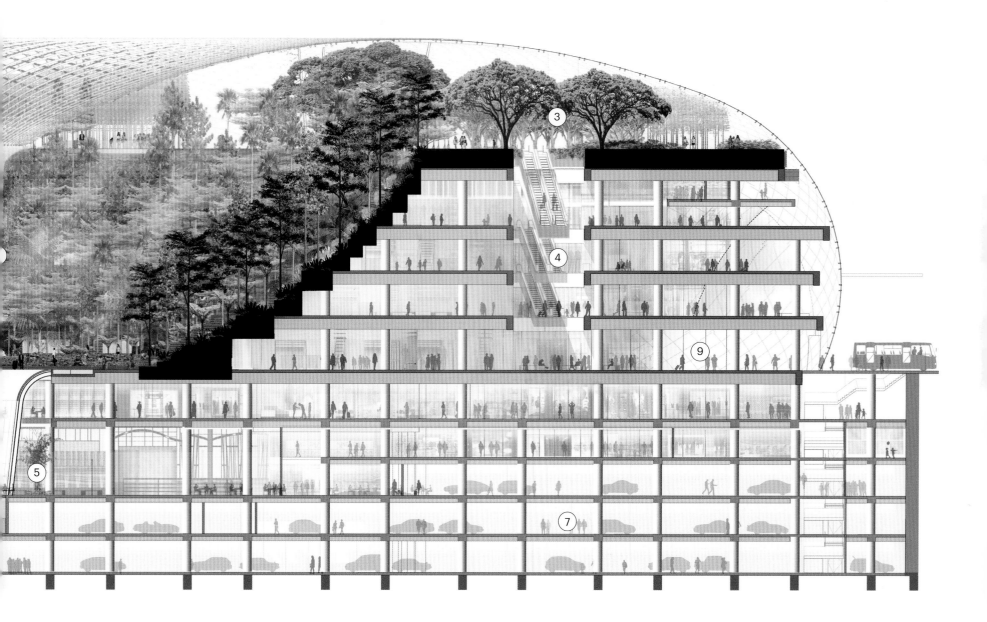

萨夫迪建筑事务所在竞标阶段提供的森林谷
效果图

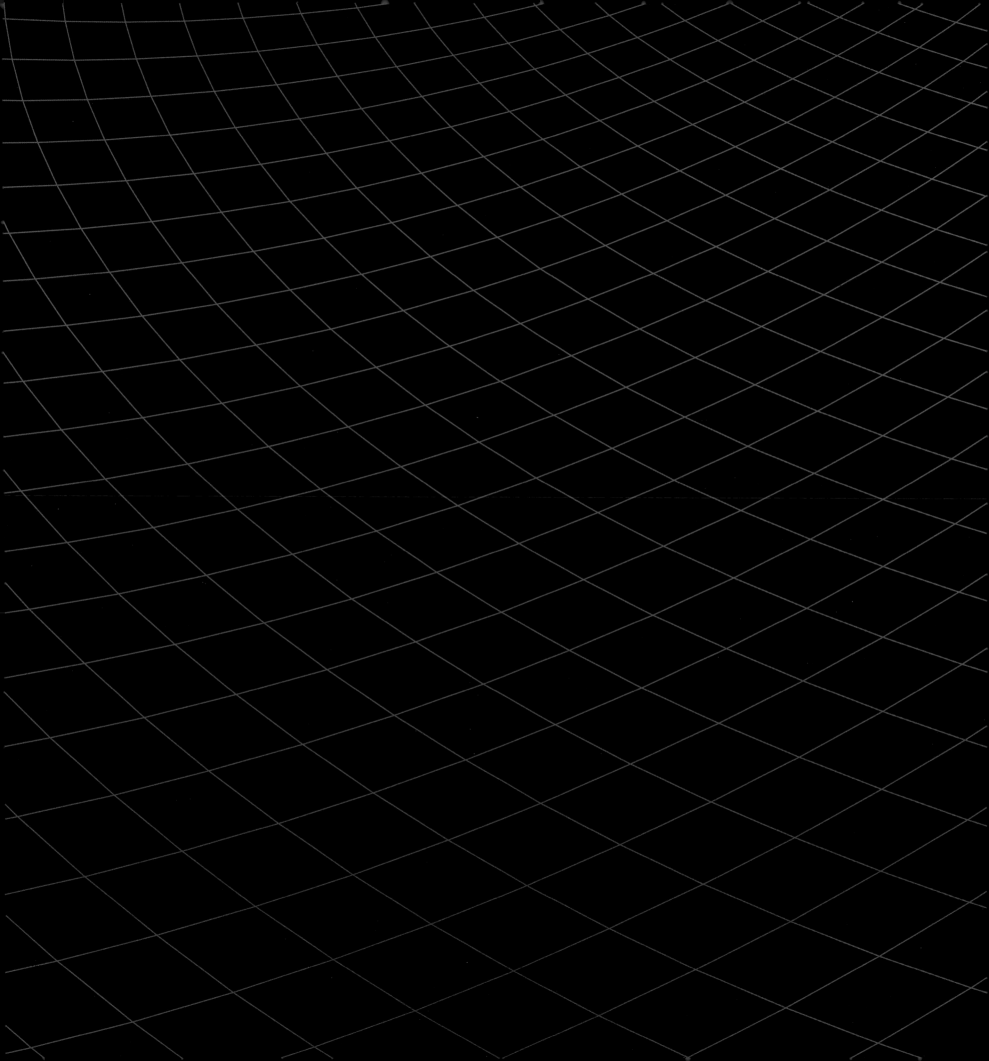

The
Dream
Exceeded

超越梦想

从北侧峡谷看到的森林谷

将航站楼与星耀相连的空中廊桥

连接3号航站楼和星耀的空中廊桥

东入口的空中蕨类植物花园

星耀的北门花园悬挂着安迪·曹（Andy Cao）
和泽维尔·佩罗（Xavier Perrot）的艺术品——
水晶云

位于二层的复式商场和北门花园，四个大门和四个峡谷让人们不仅可以一览花园的风光，还不会在建筑内失去方向感

星耀内六个楼层的零售店都可以获得自然采光

星耀零售区域上空的天棚营造出一种
明亮、宽敞和通透的感觉

左：樟宜机场的轻轨列车正在穿过零售区域
右：游客们通过自动扶梯可以到达各个楼层
的零售区域

一些精选餐厅设有可俯瞰森林谷的露台

峡谷中茂盛的蕨类植物、棕榈树和竹子，以及
高达28米的垂直绿墙。峡谷也是森林谷和零售
空间的视觉和实体衔接区域

左：东峡谷的竹林

右：西峡谷的棕榈树

穿过38米深的北峡谷可以进入森林谷，峡谷
内种植着数百棵树和植物。从1号航站楼的
行李领取处可直接到其他达森林谷

雨漩涡位于森林谷的中心

西侧小径的薄雾创造了云雾缭绕的清凉效果

两条蜿蜒的小径穿过森林谷，与多层峡谷相交
小径两旁栽植的植物种类繁多

左：位于五层的北峡谷和活动广场，广场举行活动时可以与周围隔开

右：高达14米的丙烯酸纤维圆锥体极为独特，不仅可以收集雨漩涡的雨水，同时还为建筑的地下层带来了日光

左：五层的星空花园
右：活动广场的顶部设有可展开的帆式遮阳系统

星空花园长达400米的中央通道沿着星耀
的上层环绕延伸，连接着一系列景点

长达50米的玻璃栈桥横跨在森林谷之上

人们享受着"迷雾碗"带来的乐趣

游客在天空步道上测试自己的勇气

星空花园的中央通道和奇幻滑梯，6.5米高的滑梯以如同镜面一般的不锈钢覆面

星空花园的水景也是雨漩涡的源头，雨
飞流直下，纵贯高达五层的森林谷
夜晚灯火通明的雨漩涡

WET公司的水景和照明设计专家创造了一场沉浸式的灯光和声效表演，在夜晚投射到雨漩涡上展示

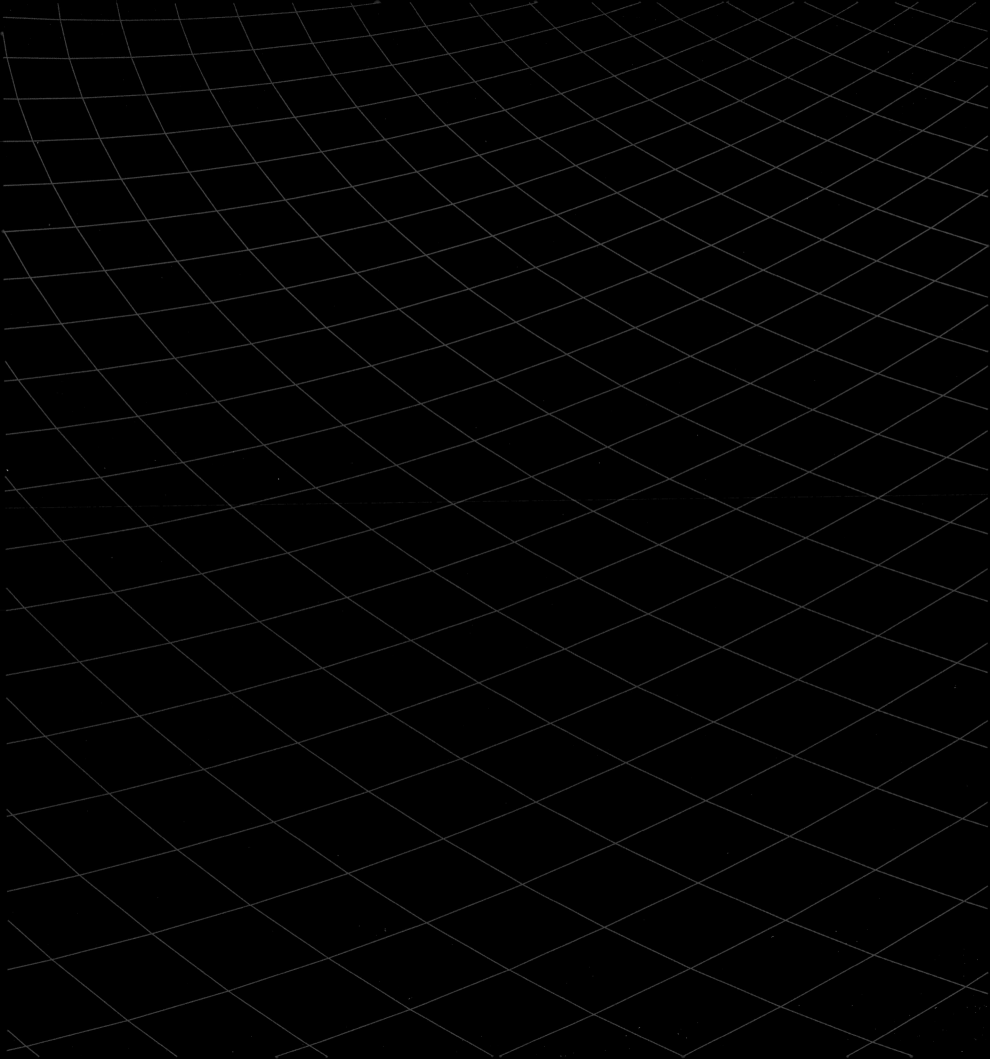

全新的公众空间

马丁·C.佩德森
建筑评论家

对建筑师来说，关于机场和建筑的历史有一个令人鼓舞的传说——航空旅行曾经有过一个"黄金时代"。那个时代创造的建筑造型优美、摩登，并充满趣味（这个词汇与今天的机场似乎已经没有什么联系了）。但是，相关的文献讲述的却完全是另一番情景。那个魅力无穷、令人疯狂的航空旅行时代，即使曾经真实存在过，也是十分短暂的。埃罗·沙里宁（Eero Saarinen）设计的美国纽约环球航空公司飞行中心（TWA Flight Center）虽然是无可争议的杰作，但是它在投入使用的那天就已经过时了。遗憾的是，在那个辉煌而短暂的时期，大多数建筑风格独特的航站楼都是如此。从那时起，航空业一直在勉力追赶社会对其迅速增长的需求。这种增长趋势在随后的半个世纪里都没有减弱，因此航空建筑很快发生了转向，以牺牲设计美感和建筑魅力换取工厂模式设计的实用性，而这种模式一直盛行至今。今天，无论我们在机场的航站楼停留多久，都是不得已的行为——不坐飞机的人是不会去机场的。

幸运的是，新加坡的情况与此完全不同。与其他重要的交通枢纽一样，樟宜机场也是一个庞大的人流处理机器。每年有大约6600万旅客出入这里的四座庞大的航站楼，这种效率是惊人的（机场计划再增加数百万人的流量吞吐能力）。在洛杉矶、肯尼迪或奥黑尔国际机场，旅客们从领取行李离开航站楼，到登上火车、公交车、汽车或出租车离开机场，至少需要花费40分钟，这还不算等车的漫长时间。而在新加坡，这一切只需要大约20分钟。尽管其他的机场也会宣称具有相似的效率，但是樟宜机场的伟大成就无人能及：它是世界上最令人震撼的新型公共空间。

在来到新加坡之前，我就曾经见过星耀的照片，所以我知道这个位于机场标志性控制塔台前的钢架结构玻璃穹顶的内部是什么样子的。但是，当我登上迅速前行的自动人行道，一个个带着孩子前来游玩的游客从我身边经过时，我看到了这座建筑的真容，并且完全被它超凡脱俗的穹顶造型所吸引——星耀看上去犹如一个友好的侵入者（就像电影《外星人E.T.》中的救援飞船）。在夜晚，它的圆形外壳闪烁着多彩的光芒。当远处巨大、呆板的长方形航站楼里的人们望向这里时，可以得到视觉上的放松。我也了解到，都市花园这一重要的景点是樟宜机场在空间营造方面的大胆试验，在一些平淡无奇的元素的装饰之下，是光彩照人、别有洞天的多层机场购物中心。这并不是一种评论，而是一种观察：现有的每一座商业机场都是经济发展的工具（但新加坡的机场尤为如此）。

我身旁的一个男人以一种敬畏的神情对他的同伴低语："这地方太疯狂了，但是是最好的疯狂。"

但是，当我穿过购物中心并步入被建筑师称为"森林谷"的花园时，才发现真正的惊喜原来在此。我完全被震惊了，几乎目瞪口呆。尽管我已经在网上看过它的全部照片，领略过它的风采：雨漩涡（世界最大的室内瀑布）、高达五层的台地森林、林间蜿蜒向上的台阶十分具有想象力；玻璃和钢架结构的巨大屋顶令人心潮澎湃；单轨交通穿梭于巨大的空间中，令人联想到世界博览会的情景。尽管那些图片同样令人称奇叫绝，但是仍然不能充分展示这个花园的魅力所在。图片无法捕捉到瀑布的物理特性、台地森林繁茂的绿叶的味道、薄雾散去的气息、屋顶上阳光和云朵形成的奇妙的光影效果，以及日光透过瀑布形成的光斑——你只要看上一眼就会沉醉其中。当我发现这一点时，我感到了一种巨大的解脱和欣慰。在这个离家16 000千米之外的机场，亲身体验这个封闭于机场购物中心之内的花园，令我眼花缭乱、兴奋不已。我身旁的一个男人以一种敬畏的神情对他的同伴低语："这地方太疯狂了，但是是最好的疯狂。"

然而，新加坡毕竟是新加坡，这根本不算什么疯狂。这个人口稠密的国家在土地标绘和规划方面享有当之无愧的盛誉，他们几乎有效利用了每一平方米的土地。为了加快开发进度，大型项目通常与配套的基础设施并行开发，这种协调一致的方法令各地规划者对新加坡羡慕不已。机场的扩建项目也同样如此，星耀项目是樟宜机场集团和凯德置地集团之间合作的产物，也是未来更大项目的前奏。樟宜机场集团最近宣布了第五座航站楼的建设计划（由Heatherwick工作室与KPF建筑事务所合作设计），该计划将增加跑道，使樟宜机场的容量增加近一倍，新航站楼预计2030年完工。

可以说，星耀项目是这个航站楼的大门。作为一个公共建筑、一个民用建筑，这个魅力无穷的多功能混合体既是一个巨大的综合零售设施，又是一座美丽壮观的都市花园；既是一个国际旅行枢纽，又是当地广受欢迎的景点；既是一个自然保护区，又是世界第七繁忙的机场的门面。多年来，新加坡的机场已经融入了经济的发展逻辑。在星耀出现之前，当地人就经常涌至樟宜机场的地下世界，在那里享受美食、逛商场、看电影并购买小商品。规划者们喜欢谈论"机场城市"，但是大多数的时候，那只是传统进出式机场的代名词而已。樟宜机场（还有东京的成田国际机场和少数其他机场）则是一种另类——它是一座真正的"航空城"，是当地居民经常光顾的胜地。仅凭这个特点，就足以确保星耀在未来的岁月里保持强劲的经济活力。

尽管这座建筑拥有5 000多平方米的零售区域（这也是该项目经济收入的主要来源），但是星耀的设计仍然以空间性为导向，所有的视线、标牌和间隙空间都指向它生机勃勃的核心区域。无论你置身何处，总能注意到这个花园。在很多餐馆里，你都可以坐在餐桌边一窥"森林奇境"。虽然从一些远处的视角也可以领略雨漩涡动人心魄的壮景，但是只有当你完全步入其中时，才能充分感受到空间的冲击力。此时，你的感受会彻底改变，购物中心的所有痕迹几乎都消失不见了。这里会给人带来一种既微小又强烈的空间移动感，在不影响周围购物活动的前提下，提升花园的体验感受。商场和花园，这两个世界之间的巧妙"共舞"，在建筑内随处可见。

这座建筑本身也成为整个机场的"定向建筑"。直到我乘坐自动扶梯来到位于1号航站楼下方的地下二层（共五层）时，才完全了解了樟宜机场的布局，机场正是在这里与那个熠熠生辉的新设施相接的。透过正对着星耀二层主入口的巨大玻璃幕墙，我看清了新建筑与1号航站楼、公交和地铁线路、汽车和出租车乘降站、连接通道及高架轻轨交通是如何相连的，几乎立刻了解了整个机场的内部逻辑。因此，虽然我到处游走，却从未迷路。

我看到一天的不同时段中，这个花园会吸引不同群体的游客前来。在清晨，刚刚走下飞机的旅客拖着略显疲惫的步伐进入这个神秘的花园之后，变得无比兴奋和震撼（我认为时差是造成这种表现的部分原因）。随着时间的推移，学校的孩子们陆续来到这里，游客群体也开始发生变化。当夕阳西下之时，这个巨大的空间放射出温暖的光芒，不同年龄段的人们开始涌入这个巨大的空间，犹如一种日常仪式的开始，这似乎已经成为新加坡人的一种传统。此时，弄清我到底是在一个机场还是在一个购物中心似乎已经无关紧要了，我所看到的是一个伟大的城市公园中人们日常的社交节奏，难怪人们如此喜爱它。

据机场的官方估计，星耀启用的第一年将有4 000万至5 000万游客前来参观。而根据初期实际前来的人数来看，这个数字可能有些保守。尽管如此，也很难说人们对这种宏大的城市空间的认知感受将来会如何演变，因为它毕竟是全新的，仍然处于令人感到极为新奇的时期。但是，它终将发生改变。对新加坡人来说，他们将与这个花园一起成长，在这里的美食街就餐，在这里的电影院中约会，逐渐地，他们现在所体验到的强烈的惊奇感受（以及丰富的记忆）将被更深层次的东西所取代——与人、地点和记忆的关系，以及与自然的崇高关系，在未来可能会变得更加转瞬即逝和难以捉摸，最终对他们精神情感的福祉更为重要。

无论航空旅行的未来如何，至少在从今以后的数年内，来到这里的旅客都不太可能失去最初看到这个花园时的震撼之感。它就像一个过山车：我们像孩子一样痴迷于这一壮美奇观，但片刻之后，我们的身体又重获了平静的感受。这种体验效果在闭上双眼之后会更加强烈——想象一下，我们刚刚走下飞机，在机舱这样密闭的环境中度过了12个小时之后突然收到一份出人意料的大礼，会是什么样的感受？

随着时间的推移，这种心旷神怡的感受很可能会更加深刻，因为摩西·萨夫迪和他的团队的设计结合了与我们基因相关的原始要素：光、水（生命的源泉）、自然、重力和美。在任何时候，这些要素都一定会比时代精神更长久。如果樟宜机场的大花园能够成为世界各地机场竞相模仿的对象，促进机场以打造真正的公共空间的方式创造经济价值和社会价值，那么这将是星耀留给世人的巨大遗产。樟宜机场也许预示着航空旅行的第二个黄金时代即将到来，人们更多关注的将不再是飞行的奇迹，而是与每一个人密切相关的人性化服务。

萨夫迪曾经谈到开启他非凡事业的项目——栖息地67号住宅区（Habitat 67），他用一句话总结了这一项目背后的基本思想："献给每一个人的花园。"在半个多世纪之后，他又在地球的另一端为疲惫的旅行者和新加坡人民奉上了一个相似的礼物——一座绿意盎然、令人惊叹的花园。

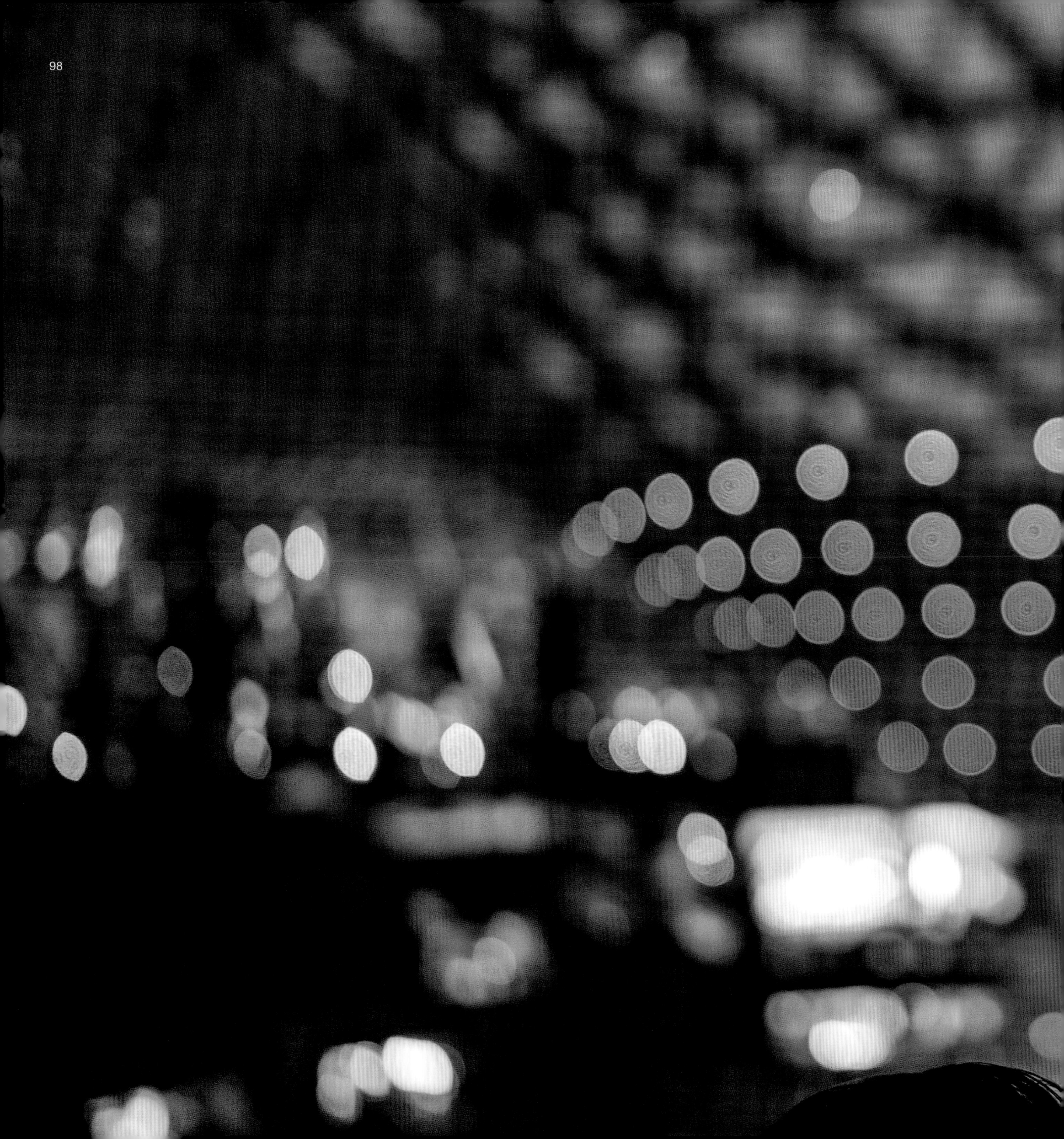

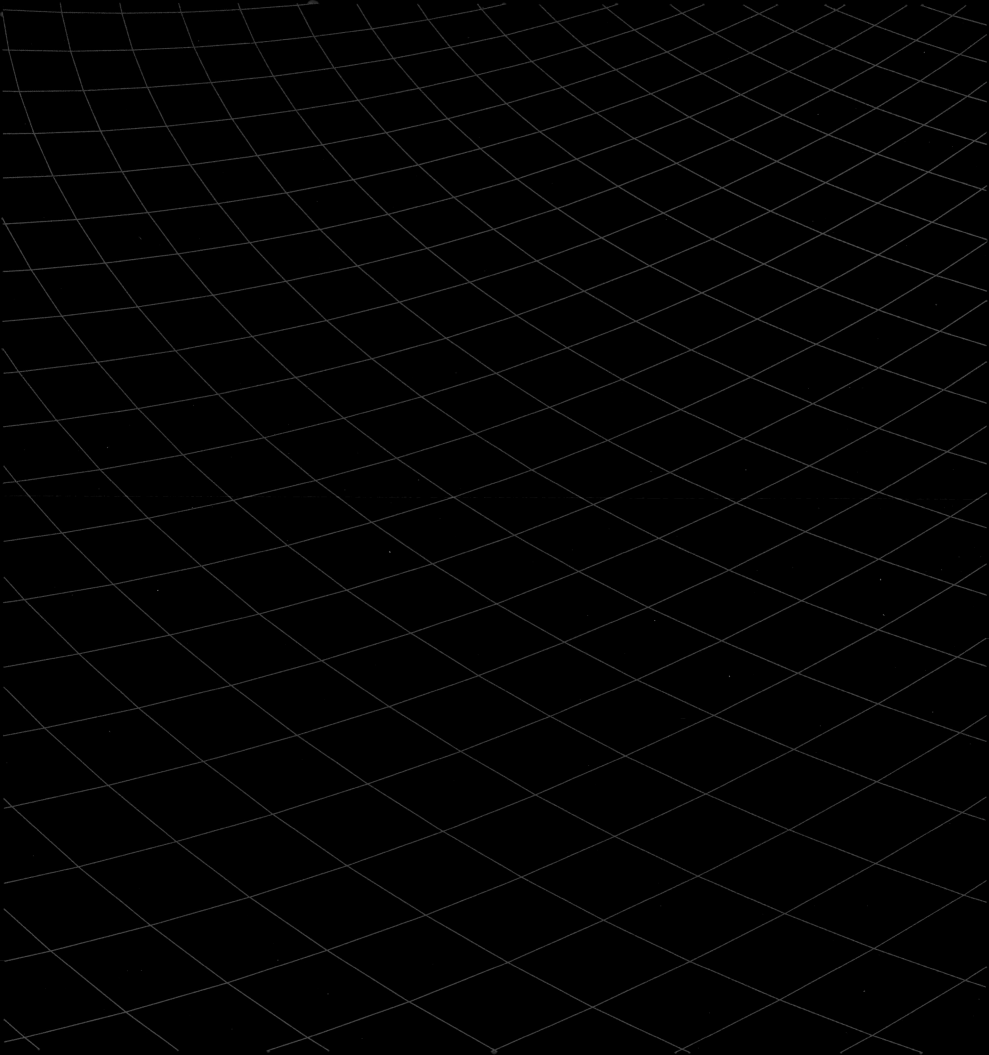

Realizing the Dream

梦想的实现

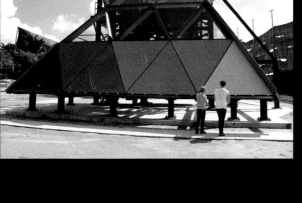
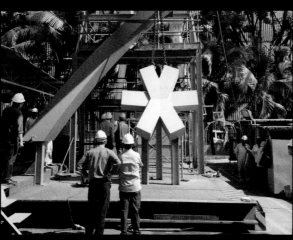

包括新加坡和各国专家在内的星耀团队与樟宜
机场集团和凯德置地携手合作。全尺寸实体模
型成为设计开发和团队决策的核心依据

协作

萨夫迪建筑事务所

雅龙·卢宾
查鲁·科凯特
事务所负责人

大师级的交响乐指挥家会超越对音符机械式的理解，将音符转化为更有力量的事物——如诗般的演奏。作为建筑师，适当的指挥可以将简单的建筑行为转化为"场所营造"行为。在星耀樟宜机场，我们的角色就是项目的指挥家。虽然该项目规模庞大而复杂，给指挥者带来了巨大的挑战，但也促使我们提出了前所未有的想法。

我们组建了一个拥有广泛专业知识的杰出团队，其中包括零售专家、机场规划师、结构和外观工程师、园艺大师、日光照明专家、艺术家、展览设计师、水景和照明专家等。我们还有幸与凯德置地集团和樟宜机场集团这两个优秀的客户携手合作。凯德置地集团是我们的长期合作伙伴，而樟宜机场连续八年被国际航空运输评级组织Skytrax评为"世界最佳机场"。

该项目的关键是平衡各种对立的提议、利益和功能需求。例如，人与植物的需求是完全不同的，零售商场与大花园的建设要求通常也是不一致的。我们与团队成员建立了一种协作关系，在这场"合奏"中，每一位参与者都是重要的演奏者，都在努力使我们演奏的乐章和谐悦耳。

这座建筑整体造型的塑造就是这种协作的一个结果典范。通过与几何专家和工程师的协作，我们发现屋顶上每一毫米的曲率变化都会影响所有钢构件的深度，从而在花园中形成更多的阴影，降低滋养下面植物的日光强度。这个发现改变了总体的植栽搭配方案。可以说，项目中没有一个方面不存在与其他方面之间的相互影响。

雨漩涡的特征也与建筑物的其他方面密切相关。它产生的水雾会形成一种微气候，这可能会影响冷却系统。因此，全体团队成员对它的水流进行了精心调整，将飞溅的程度和噪声降至最低。经常专注于观察它宏大的全尺寸模型的人，不仅有建筑师和工程师，还有声学专家、气候专家和艺术家。

另一项很好的协作实例是樟宜机场的高架列车系统，它的轨道正好穿过场地和建筑。在最初的设计中，该系统包括一个巨大的封闭式玻璃隧道，将内部空间与外部隔离。但随后我们意识到，这将使花园一分为二，于是，整个团队通过密切合作开发出新的解决方案——将每个入口的自动门系统作为气闸，这是此类气闸的首次应用。

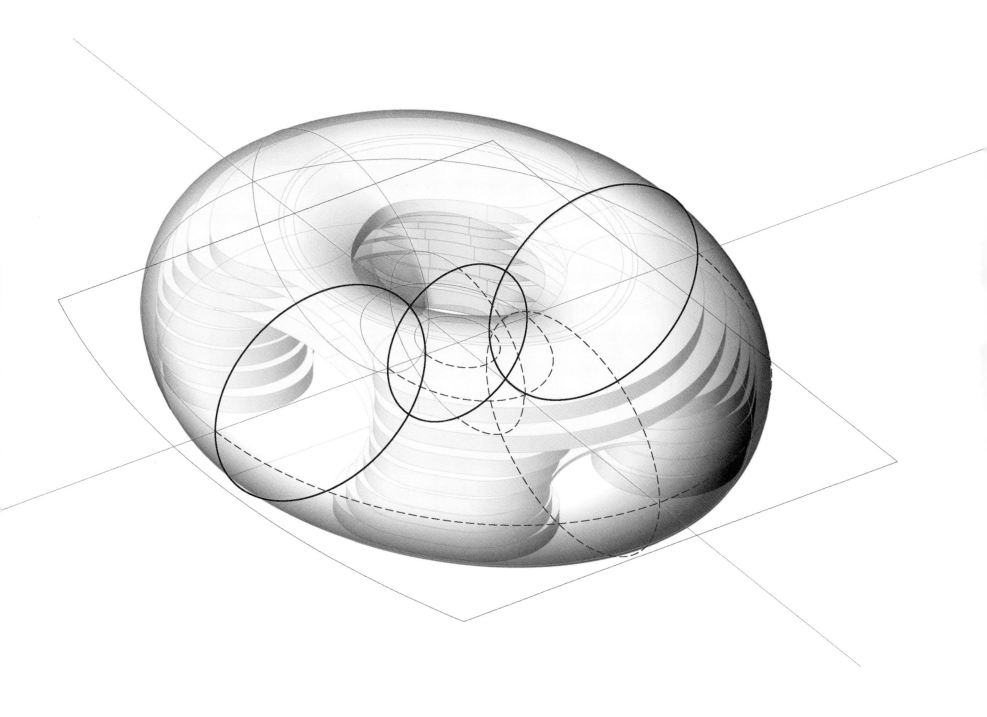

星耀樟宜机场的三维研究

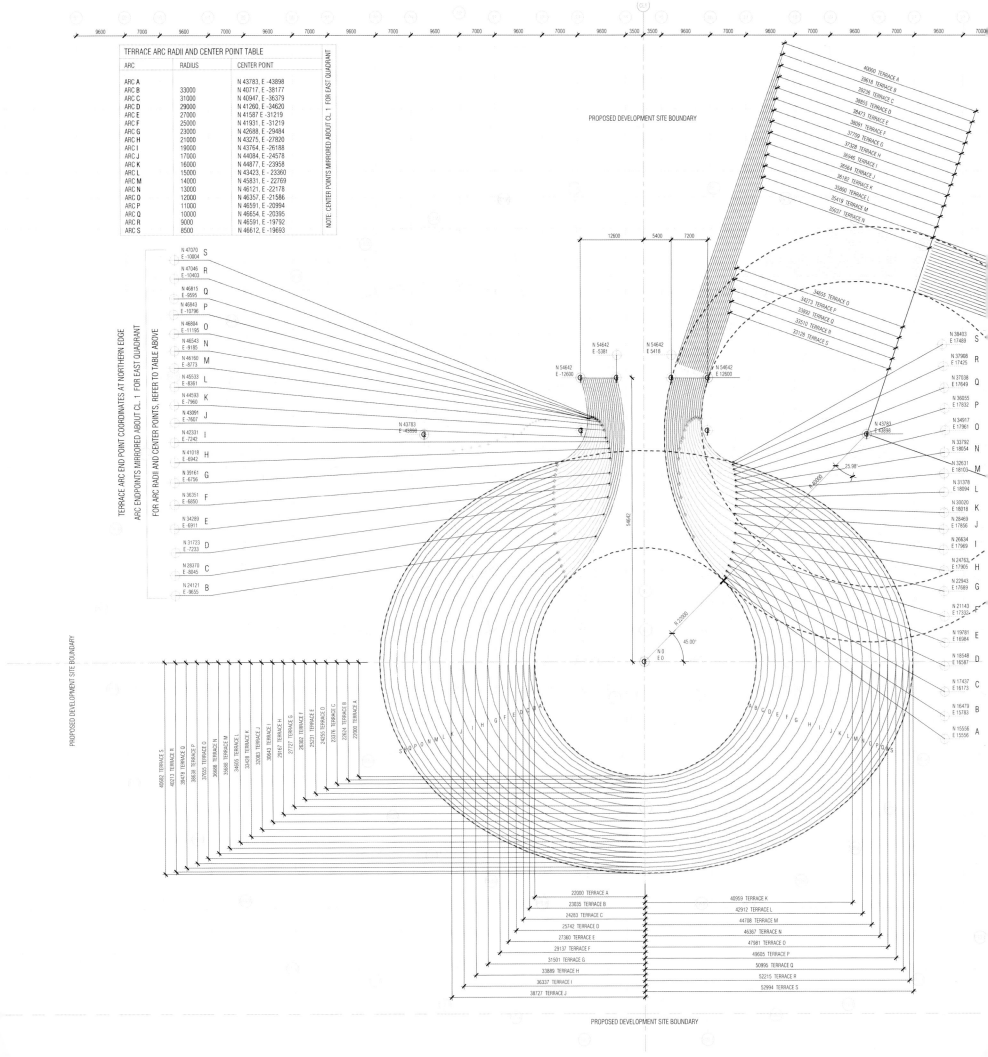

TERRACE ARC RADII AND CENTER POINT TABLE

ARC	RADIUS	CENTER POINT
ARC A		N 43783, E -43898
ARC B	33000	N 40717, E -38177
ARC C	31000	N 40947, E -36379
ARC D	29000	N 41260, E -34620
ARC E	27000	N 41587, E -31219
ARC F	25000	N 41931, E -31219
ARC G	23000	N 42688, E -29484
ARC H	21000	N 43275, E -27820
ARC I	19000	N 43764, E -26188
ARC J	17000	N 44084, E -24578
ARC K	16000	N 44877, E -23958
ARC L	15000	N 43423, E -23360
ARC M	14000	N 45831, E -22769
ARC N	13000	N 46121, E -22178
ARC O	12000	N 46357, E -21586
ARC P	11000	N 46591, E -20994
ARC Q	10000	N 46654, E -20395
ARC R	9000	N 46591, E -19792
ARC S	8500	N 46612, E -19693

NOTE: CENTER POINTS MIRRORED ABOUT CL 1 FOR EAST QUADRANT

TERRACE ARC END POINT COORDINATES AT NORTHERN EDGE
ARC ENDPOINTS MIRRORED ABOUT CL 1 FOR EAST QUADRANT
FOR ARC RADII AND CENTER POINTS, REFER TO TABLE ABOVE

PROPOSED DEVELOPMENT SITE BOUNDARY

PROPOSED DEVELOPMENT SITE BOUNDARY

PROPOSED DEVELOPMENT SITE BOUNDARY

ALL DIMENSIONS AND COORDINATES INDICATE THE
TERRACE SLAB EDGE/ FACE OF PLANTER WALL FACING
THE CENTER.
FOR SLAB & WALL EXTENTS AND TERRACE LAYOUT, REFER
TO THE FOREST VALLEY SETOUT QUADRANT PLANS
(A50-02a, A50-02b, A50-02c, A50-02d, A50-02e)

很多时候，一座建筑的实景照片往往达不到其概念设计图的效果。而今天我们获得的最高赞誉之一是，当人们看到这座建筑的照片时，几乎无法分辨它是真实的存在还是一种幻象。在后文中，可以看到我们的团队是如何在犹如交响乐演奏般的合作中彼此协作的，又是如何精心策划新加坡的又一个伟大的公共景观的。

参数化绘图显示出森林谷复杂的几何结构

上：当工人们在下面的临时施工脚手架上歇息时，阳光穿过雨漩涡的顶部照射进来

左：栽种植物之前的森林谷阶地

奇 景

PWP景观建筑事务所

亚当·格林斯潘
首席景观设计师

当萨夫迪建筑事务所第一次与我们商谈共同开发星耀樟宜机场的项目时，我很好奇为什么要在新加坡打造一个室内花园，毕竟新加坡是拥有世界上最好的植物生长环境的国家之一。但是当我想到新加坡炎热潮湿的气候时，马上意识到这个室内花园可以全天候使用的巨大潜力。它可以让人们在机场享受舒适的空调环境的同时走入植物的奇观世界。这种潜力使它不是一座单纯的机场或者花园，而是一个集工作、购物、放松、玩乐于一体，并体现当代世界生态系统的综合景观建筑。

激发兴趣的挑战总是能带来好的想法，大多数的室内花园都是为了展示植物而开发的，然而为展示植物而专门设计的温室并没有考虑人类的需求。通常，这些花园的室内气候与新加坡闷热的室外气候极为相似。但是在星耀项目中，建筑中的真正主角并不是植物，而是人类。我很想知道我们如何才能在这些相互冲突的需求之间架起桥梁，既确保植物的健康生长，又满足未来游客的需求。

因此，当我们在滨海湾金沙酒店57层的空中公园共进早餐，进行首次交谈时，我问道："摩西，为了植物，你愿意以完全不同于你其他建筑的方式去处理星耀的室内设计吗？""当然！"摩西回答道，"花园需要的，我们都会按照需求去做。花园是这个空间的核心！"

得到了摩西的肯定回答之后，我开始回忆和想象那些动人心魄并吸引大量游客的宏伟景观：雾霭缭绕、令人感到神奇和激动的森林幽径，亚洲、南美以及纳帕谷（北美）等地的巨大梯田山谷，改变周边环境和气候的大瀑布，雨中和雨后森林的美丽景象，夏日午后旧金山的浓雾（起雾的速度可与穿过金门大桥的汽车相比）。我还想到了令人称奇、气势磅礴的雨树大道，它沿着东海岸公园大道从樟宜机场一直延伸到新加坡的中心地带，枝叶繁茂的树木沿着大道无尽延伸。

回到加利福尼亚的办公室之后，我们认为星耀的内部绝对不应仅仅是一个花园，它既不是一种装饰性展示，也不是简单的植物展览，而是一个壮阔的神奇景观。它应该将自身的有机秩序向人们展露无遗，给人们带来惊艳和神奇的感受。更为重要的是，它要建立一种别具一格的场所感。我们想要创造一个世界上独一无二的人造景观，让星耀能够与滨海湾花园、新加坡金沙娱乐城、新加坡植物园和樟宜机场一样，成为新加坡著名的旅游胜地之一，并最终成为新加坡的另一张名片。

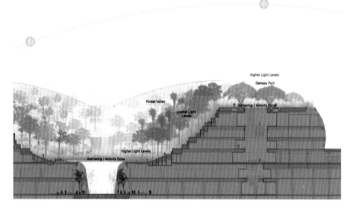

为了创造舒适和有趣的体验，在强光照区域采用了遮阴树木和开花植物。人们的活动主要集中在雨漩涡的周围、较低处的花园露台和星空花园的树荫之下

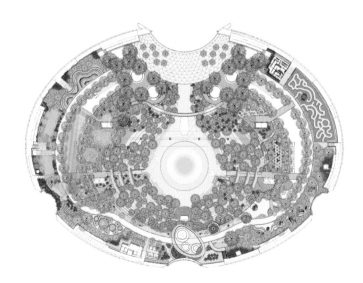

星空花园和森林谷的总体景观规划

景观空间

在构思这个室内天地时，我们认为它的景观应该是自然和真实的，犹如天然形成于建筑之内。植物的搭配和硬质景观的材料都应该源于自然，并能够长年自我维持。我们开始构思两部分相互连通的景观，以适应给定的场地条件，同时也为游客创造出不同的空间环境。

位列这些景观之首的森林谷将统一密植高大挺拔的树木，以使树冠的下方空间拥有大量的空气和光线。这些树木沿着花园的阶地以不规则的间距向下分布，很像茶园或咖啡种植园的种植者所采用的遮阴树林。

我们与萨夫迪建筑事务所共同设计了一个碗状地形，从各楼层划分出多个阶地种植层，越向森林谷底靠近，这些种植层越宽。较低处的阶地花园将铺设石径，用来接待游人。各层还将辟出一些小型的花园露台，供人们安静地消磨时光，或者观赏雨漩涡及其产生的光影效果。随着高度的上升，这些阶地将变得更窄、更高。两条步行小道沿着山谷向上一直延伸到第五层，人们沿着这些小道可以步行进入位于每层的购物中心。我们还在山谷的阶地上开发了多级瀑布，其源头是位于上方的公园内的一个池塘。水流从池塘溢出后，沿着阶地向下逐层流向森林谷。

森林谷中的林下植被将随着阶地种植区域的高度以及树冠下方光照的变化而变化。我们发现，位于最高和最低种植区域的土壤能比位于中间区域的土壤获得更多的光照，这是因为森林中的树木遮住了照射到中间层的大量光线。

在第五层山谷的高处，我们设想出了一个名为"天际"的花园，人们在那里可以望到机场对面的地平线。现在，它被称为"星空花园"，其占地面积将超过森林谷所有楼层的面积的总和。它位于整个建筑的最高处，距离玻璃幕墙最近，拥有最佳的照明条件，适合创建一系列风光旖旎的园艺景点。虽然明亮的光线对植物的生长和健康尤为重要，但是直射的阳光会降低人们的舒适度。为了确保游客和植物都处于最佳的环境之中，我们提议，除了玻璃幕墙和空调系统之外，将种植设计也作为营造综合环境的基础设施。鉴于此，我们为星空花园提出的建议是利用连绵不断的树冠提供遮阴功能，这也会令人联想起延伸至东海岸公园大道的雨树大道。

为了让游客可以在星空花园内体验多种多样的景观，我们尽量选择接近于自然的色调搭配方案，专注于重新塑造自然的体验效果。在连续的遮阴树冠之下，我们开辟了一些特殊的体验空间，包括树冠桥、迷雾碗、攀爬网、树篱迷宫、雕塑滑梯、丛林步道、水景园、彩色花园以及一个大型活动广场。

花园

除了星耀内部的主要景观空间之外，我们还设置了一系列花园，它们承担着特定的任务，并提供特殊的体验，有助于构建这座建筑整体功能的有机性。第一类花园是峡谷，两个裂缝状的花园纵向贯穿了森林谷的所有层面。在我们的初期规划中，这些峡谷花园可以作为景观内的垂直通道，西面的棕榈峡谷和东面的竹林峡谷均设有垂直贯通的玻璃电梯。沿着森林谷向上延伸的小径在蜿蜒回转中横跨两个峡谷形成天桥，垂直生长的棕榈树和竹子最终可以达到三四层楼的高度，穿过跨越峡谷的每一层天桥。

我们还设计了几座高达四层的入口花园，是在位于建筑玻璃幕墙后面的零售区域开辟的垂直空间。在这些花园内，公众可以欣赏建筑外面的风光以及更为广阔的机场全景。每一个入口花园所包含的垂直空间要多于楼层空间，里面还安装了告示板和大屏幕，向全世界播放星耀内部的奇景和奇观。

为了实现这些空中花园，我们与建筑师和结构工程师密切合作，提出了将植物提高并悬在空中的设计概念。位于东入口的空中蕨类植物花园，将呈现若干个高达4米的蕨类植物柱，这一设计参考了新加坡本地附生在树干上的蕨类植物。

在西入口花园，悬挂着由气生植物铁兰和观赏凤梨构成的巨大圆球，上面还点缀着当地的花卉。在面向控制塔台和机场大道的南门花园，将栽植两种不同形态和高度的棕榈树。当人们从外面观看时，这些树形成一面绿色的墙。当人们从星耀的内部看向控制塔台和机场时，这些树又形成人们视野的框架。

真正的综合设计

尽管任何人都会注意到星耀2 400平方米的景观是在室内建造的，但是他们可能不会察觉出它也是完全依据建筑的结构而建的。小到植物品种的选择搭配，大到在如此复杂的构造中创造一个壮丽、舒适、安全和幸福的空间，都需要与建筑师、环境工程师、结构工程师和许多其他专家深入合作。

例如，机场的管理部门要求星耀内的游客区域全年保持在24摄氏度，但我们很快发现，很少有植物能在这样的环境中生长，而那些可以适应这种环境的植物却不适合商业种植。当我们与技术团队共同改进设计时，对植物的搭配进行了反复斟酌，推荐了适应力较强的品种，这些植物可以在温室环境中良好地生长。

然后，我们对物种和植物的搭配进行了进一步细化，主要依据的是更多更细微的变量（湿度、生长速度等）以及合作伙伴的专业知识，如我们的合作伙伴ICN国际设计有限公司的景观建筑师，他们长期致力于打造新加坡的一些极大、极复杂的景观设施。我们还聘请了一个全球顾问团队，并与来自滨海湾花园、英国皇家植物园、旧金山温室花房的园艺家，以及一家荷兰的室内植物进口商和苏黎世的动物园园长及馆长们建立了联系。此外，我们还与旧金山湾区的植物生长照明灯生产商和生物礁专家进行了沟通，他们已经成功地开发了用于珊瑚养殖和展示的灯光器具。

我们对室内特定物种的生长和需求进行了研究。由于观赏性植物在温室环境或人工光照下生长的相关数据很少，我们参考了美国国家植物园、新加坡滨海湾花园、英国皇家植物园的棕榈室以及樟宜机场航站楼花园的温室物种，因此，最终选出了在各种气候条件下都能生长良好的植物。

接下来，我们通过高级动态建模估算了建筑内部的温度和湿度分层，包括雨漩涡可能对空间产生的影响。基于这些数据，我们预计星耀的气候将适合热带、热带山地和亚热带地区的一系列植物物种。我们的团队还制订了一个复杂的测试计划，其中包括建造一个叫作"塑料温室"的临时冷却室。我们在其内部设置与星耀内部相同的光照、湿度和温度条件，让承包商使用该设施来测试首次选用的灌木和地被植物物种，以便评估那些以前未经测试的植物能否适应星耀的气候。

在做出最后的植物和树木选择方案之后，我们的景观承包商TEHC国际公司极为专业地在全世界范围内确定了这些植物的来源地，其中大部分来自东南亚和澳大利亚。为此，我们特别成立了一个团队，开展了一系列的植物搜寻之旅。在每一个地方，来自PWP景观建筑事务所、ICN国际设计有限公司、TEHC国际公司和星耀樟宜机场发展有限公司的代表们都与当地的树木种植者们一起寻找并标记项目所需的植物。最初，为星耀项目标记的树木超过了3 000棵，最终来自12个国家的大约2 500棵树被采用，还有大约10%的剩余植物也被运回新加坡，以做备用。

实体模型和安装

在初期的建设过程中，制作主要景观元素的全尺寸实体模型是最令人兴奋的部分之一。这些模型包括铺路设计、星空花园的景点、植物组合、空中花园的构造，其中令人印象最为深刻的是森林谷阶地花园的全尺寸模型。通过这个森林谷的可视模型，我们能够更好地理解各个元素之间的关系，并对最终设计所需的系统功能进行测试，如排水系统、土壤空间和容积系统、路面系统和照明系统。作为星耀的一部分而构建的可视模型是我们在设计过程中最大的和最有帮助的实体模型。凭借它，承包商能够评估总体施工策略，包括安装方法和过程。

在建造模型、动态建模、设计工作和植物选择工作完成之后，我们的团队与ICN国际设计有限公司和景观承包商TEHC国际公司密切合作，在新加坡完成了最后的工作。当我们建造的预生长苗圃被树木和植物填满时，这项工程壮阔的规模变得愈发明显。显然，我们确实为新加坡创造了一片新的森林。当我们望着建设之中的星耀时，真的难以相信，如此庞大数量的树木和植物居然能够全部被安放在室内。而且，即使是我们选取的最大的树，在这个巨型结构中也显得很渺小。我们开玩笑地说，星耀能够吞噬所有的树木。

PWP景观事务所团队常常在晚间还进行电话会议或线上沟通，并且每月或每两周去现场考察一次，以便对安装工作进行监管，例如，由于这些树的尺寸和形状无法标准化，需要团队对安装工作进行调整。我们还优化了每一个安装地点的设计效果，通过搭配出意想不到、规模惊人的植物，使游客在攀爬网道或穿过雾桥时能够感受到其巨大的冲击力，从而产生最大化的惊奇效果。最终，所有植物都各就其位，所有系统都经过反复测试、修改和设计，以确保游客获得难以置信的新奇体验。与此同时，樟宜机场的那些最新植物群落也得以在星耀生根发芽，并将长期在这个新家繁茂地生长。

通过跨学科的专业设计人员之间的协调合作，星耀成为我们参与过的将景观与建筑融合得最完美的工程。当你走进森林谷，密林环绕在四周，阳光从上方洒下，雨瀑从天而降，你会感觉仿佛在体验一个自然奇观，而不是置身于一个室内花园，或者你所知道的任何其他花园。当我们把花园、零售区域、活动广场、景点、列车和主干道的连接处作为一个整体看待时，星耀的的确确是一个具有生命活力的景观。

这个已经启动并不断演变的生态系统是各团队精诚合作的成果，它提醒着我们每一个人牢记景观对建筑环境的重要性。星耀不仅见证了团队的合作，也实现了团队的愿景——设计和建造一个可维持自我生命力的空间。当我们放眼世界上所有的城市和"自然"之地时，我们开始意识到，它们都是需要随着时代的发展而有意识地去改变、适应、维持和管理的景观。我希望我们在星耀共同创造的成果能够展示出未来景观的发展潜力。

工程典范

英国标赫工程设计顾问公司

克雷格·施维特
克里斯托巴尔·科雷亚
首席工程师

你最后一次走过机场、剧院或者办公楼的中庭并仰望天空是在何时？通常，我们会在这些空间内环顾四周，有时感到高兴，有时感到失望，但是内心很少会有所触动。只有当一个公共空间的诸多元素聚集在一起，给人创造出一种难以忘怀、倍感鼓舞、深受打动的体验时，我们的创作才真正超越了单纯的工程或建筑范畴。

伟大的公共空间是密切合作的产物，所有的团队成员都是设计中不可或缺的一部分，所有的部分都是通力合作的结果。庞大的团队带给我们挑战，促使我们将技术提升到一个新的水平。星耀就是这样一个项目，它讲述了工程师与建筑师合作的故事，我们最终的作品不仅仅是一个屋顶。

理念

这一切都始于2012年，樟宜机场要在现有航站楼之间嵌入新的建筑结构。萨夫迪建筑事务所为星耀设计的首批效果图展示了一个令人惊叹的屋顶，它的跨度极大，而且是透明又具有渗透性的。这是世界上最大的室内花园之一，巨大的屋顶犹如悬浮在空中，并在中部开始向下倾斜，形成了世界最大的室内瀑布。这是一个大胆的创意，我们的团队迫不及待地要帮助他们创造这一奇迹。

我们花费了几个月的时间研究、论证这个屋顶的造型和几何结构，然后用了几年的时间才使其趋于完美。项目的很多要求是相互冲突的，有时甚至是相互矛盾的。它的结构要轻便，同时还要足够结实和牢固，以实现巨大的跨度。它需要呈现出单一、连续的造型，但从建筑的外围到中心的瀑布要实现多种功能。最重要的是，它需要采取一种复杂的三维形式，但同时又要能分解成容易理解、容易连接的组成部分，从而呈现出优雅流畅的造型。还有一点就是，在参观者能够明白它是如何耸立在这里之前，必须先能体验到它的美感。

首先，它必须耸立起来

星耀项目的场地位于两座航站楼之间，与入口大厅相连，现有的机场轨道交通线路从其中穿行而过。萨夫迪建筑事务所的想法是在场地中心创建一个巨大的山谷，山谷的中部有一个大瀑布，这就意味着屋顶需要极大的结构跨度。

这种跨度如果没有立柱支撑，就需要有足够的结构强度方能实现。这促使我们创造了一种由单层的钢架和玻璃系统构成的环面结构屋顶（类似甜甜圈或百吉饼的形状）。

斜肋构架装置的细节

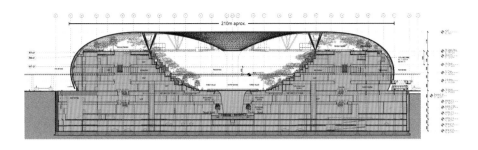

建筑的剖面图显示了基础建筑和屋顶结构的划分，
以及跨度为210米的由玻璃和钢架构成的斜肋构架
屋顶

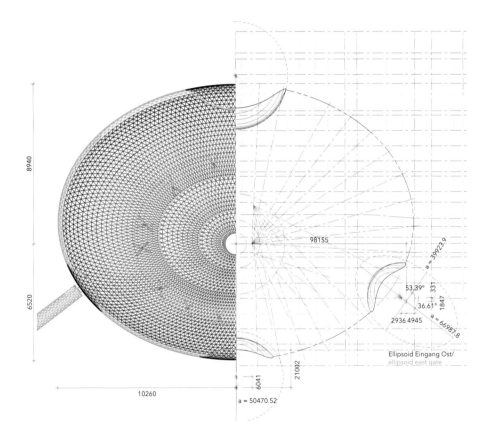

屋顶结构平面图

大部分玻璃屋顶系统都是靠挤压应力支撑的，这意味着它们的外壳结构只能承受一定范围内的弯曲应力。然而，星耀的形状却有所不同，它在长轴上是不对称的，并采用了内部支撑构件。显然，这种造型所能承受的应力范围远远大于我们以前设计的任何结构。

那么这些力是如何传导的呢？看一下星耀屋顶的一系列剖面图，你就会明白，其内部是一种富有张力的锥形结构，所有的构件基本上都悬吊在结构的中心部位，并向下拉伸。这些膜面张力沿着结构的环向和径向传导。钢具有很强的应力承受能力，因此我们希望壳体这一区域使用最精密的钢构件。

接下来看一下外部，这一部分主要处于挤压的状态，膜面张力同样沿着结构的环向和径向传导。要形成良好的拱顶作用，需将这部分的钢构件尺寸设置得更为合理。

最后是位于中间的支撑部分，这里是张力和压力会合的区域。中间的支撑部分需要承受中间部分悬吊产生的张力，这是通过创建正切的"压缩环"实现的，而这个"压缩环"也是壳体的一部分。它很像自行车的轮圈，壳体的最高部分充当了水平桁架，可有效地将悬吊中心产生的张力保持在适当的位置。

但是这里也会产生其他作用力，尤其是壳面向外的弯曲应力，其原理与跳水板类似。这些弯曲应力将会增加这些区域的壳体深度，并产生视觉冲击。这对设计团队产生了极大的吸引力，因为它展示了屋顶对作用力的特殊反应及视觉响应。

这一结构方案的关键是让我们了解到，通过先进的制造技术，我们能够改变穿过屋顶的钢材尺寸，从而实现我们保持单层网格外壳的想法。作为建筑内外之间的一层隔膜结构，这种结构的厚度是至关重要的，因为它会直接影响室内的空气和光照，以及空间的开放性，进而影响空间的舒适度。

为了进一步使该结构给人明亮和优雅的感觉，所有钢构件的宽度保持不变，只有长度和厚度有所变化，以适应负荷增加的区域——尤其是起支撑作用的立柱区域，因为壳体在那里产生了弯曲。在设计时我们意识到，尽管我们正在创建的是单独的钢构件和三角形玻璃，但是如果在制造和细节方面可以实现所需的精度的话，它们也可能成为被组合在一起进行装配的"构件组"。

几何结构问题

但是，如何实现这种造型的屋顶的透明度仍然是个问题，也就是说，我们虽然确定了想要的造型，但是还不知道用什么方法创建它。

曲面的屋顶造型必须是离散的，或者被分解为更小的组成部分。要使用平整的玻璃板做到这一点，最简单的方法就是使用三角形框架，并创建一种钢制的"斜肋构架"支撑玻璃板，还要在表面上创建水平线条或环箍，通过建筑的水平楼板呈现出连续、流畅的感觉。这些表面还要覆盖上连续偏斜或垂直的构造元素，将这一造型分解成无数的三角形，创造出令人喜爱、动感十足的圆弧造型。

但是，这些三角形的大小应该如何设定？三角形的尺寸越大，所需的钢制构件就越大，也就会呈现出更多的小面。此外，置身空间中的人们对这些构件的大小会有什么样的感觉，使用这些构件能达到什么样的透明度？要了解这一点，最好的方法就是看看其他已建成的三角化造型，考察项目的总体大小以及建筑物内人与屋顶的距离会对三角形尺寸产生何种影响。更大的三角形构件也许并不会创造出更透明的屋顶。

对尺寸的另一个限制因素来自制造和施工方面，确定一种多个供应商都可以生产的三角形尺寸是很重要的。供应商的确定是通过公开的招标活动进行的，以确保价格最适合客户。

随着离散化进程的展开，另一个设计问题也随之出现。随着连续的斜线从屋顶的外围向中心延伸，这些三角形逐渐变小，而这些显得拥挤的元素不仅降低了屋顶的透明度，还增加了施工难度。这就需要一个削减的过程——去掉一些偏斜的线条，以保持三角形构件的尺寸比例。削减必须以相对自然的方式进行，既不能破坏表面的流畅性，又能够使各种结构应力通过壳体顺利传导。

我们将如何建造它？

如果没有壳体技术的巨大进步，星耀的设计将是纸上谈兵。最初，作为穹顶的壳体一般是采用砖石材料建造的。砖石材料具有良好的抗挤压性，但是抗拉伸性很差。在20世纪初，钢筋混凝土壳体设计取得了巨大进步，其形状向着更薄、更大胆的方向发展。到了20世纪末，造价更低、更为透明的玻璃和钢架结构壳体已经取代了混凝土壳体，创造了可以获取大量自然光线的巨大空间。在21世纪到来之际，随着自动化制造的普及和盛行，钢格结构的壳体诞生了。现在，人们可以设计、制造和建造具有各种几何形状和透明度的单层钢壳系统。

星耀的屋顶外壳大约由5 000个结点、14 000个钢制构件和10 000块完全不同的三角形玻璃板构成。尽管每一个硬件都是独一无二的，却采用了一致的几何规则，以及系统化的施工和连接策略。

在制造的过程中，每一个构件都拥有用于识别和追踪的编码，人们可以在建筑信息模型（BIM）的计算机文件中确定它们在整个网格外壳中的位置。这种做法是非常必要的，因为组装星耀的屋顶外壳就如同完成一个巨大的拼图，每一个构件都有唯一适合的精确位置。

现代化的制造工艺具有化繁为简的特点，数以千计的构件，每一个都是用先进的，且通常是以自动化的方法生产的。

用直钢板制成的钢箱梁是由新加坡的Yongnam公司生产的。他们使用机器人精确地切割钢板，并将其焊接在一起。连接件的制造商是德国的MERO公司，该公司使用一种三维计算机数控（CNC）铣床来制造连接件。这些连接件被以精确的角度截去端部，以满足钢制构件的连接要求。这些构件需要喷漆，并在需要的地方钻螺栓孔（大约20%的连接件与钢构件是通过焊接相连的）。这些三角形玻璃板是在中国专门从事玻璃制造、层压和装配的工厂制造和组装的。它们都是从符合工业标准的矩形玻璃板上切割下来的，这些玻璃板通常被用于制作烤箱。

我们在设计过程中创建了一个很大的可视模型，以确保所有组件——玻璃板、钢构件、结点和几何结构都能够完美地组装在一起，且最终设计可以微调。这对项目团队了解实施外壳设计所需的工艺水平尤为重要。为了验证设计的防水功能，我们还创建了性能模型。这种对关键区域的测试是通过对模型试验室内部施加负压，并在外部喷水来完成的。

设计一个标志性的空间

星耀是一个技术的奇迹，从数字工程分析到自动化生产，从精密制造到现场组装，这种结构代表了新兴技术的巨大进步，而这些技术在建筑师、制造商和施工人员眼中仍然是新生事物。与大多数精密的工程一样，这些技术使似乎不可能的事情成为现实。星耀的结构为网格外壳的设计确立了新的基准，在单层体系和壳体的钢材运用方面突破了形式和结构的限制。它的几何造型和数以千计各不相同的面板需要丰富的制造经验和构建才智方能组装和实施。

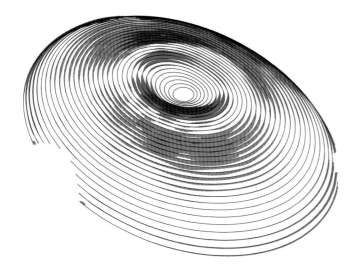

屋顶结构环箍的轴向力分析图

星耀使用了一种新型的封闭外壳，将结构、立面和环境融为一体。它将外部环境纳入单层的外壳之内，带来了充足的光线、空气和空间开放性。屋顶结构不再是传统的遮蔽物，而更像是一种薄膜或环境过滤器。通过结构设计，我们实现了屋顶结构稳定的性能和轻薄的外形。

当游客亲身感受到洒入室内的明媚阳光产生的温暖感、雨漩涡带来的湿润感以及这个巨大花园中的宁静感时，会是一种什么样的体验？星耀将网格外壳屋顶视为创造这种体验的关键，它摆脱了传统的几何造型和结构的制约，而设计师为其实现创建了条件，是他们使一个空间变得伟大。

星耀包含了建筑师、工程师、建设者等众多人士的巨大努力和贡献。樟宜机场集团具有远见卓识，能真正理解航空和机场体验的未来趋势。归根结底，一座伟大的建筑是一种合作关系，是一个集体合作的产物，而不只是个体的愿景。集体的共同愿景创造了一个世界上独一无二的公共空间，一种超越了任何机场的体验。在未来，星耀将为疲惫的旅客、休闲的游客，乃至新加坡公民提供高标准的服务，为他们带来无尽的快乐。

放大的结构平面图显示出屋顶几何结构的"离散化"，整体形状被分解成规模比例一致的面板，每个面板的长度不超过2.5米

正在安装中的玻璃板

MEMBER
01818324

MEMBER

MEMBER
01818329

打造21世纪的温室

Atelier Ten公司

帕特里克 · 贝卢
梅雷迪思 · 戴维
亨利 · 伍恩
环境设计师

绿色新加坡

1967年，李光耀总理提出了将新加坡建成"花园城市"的构想，这一构想从此成为新加坡发展的目标。如今，新加坡随处可见的林荫大道、大型公园、空中花园、绿色通道和其他众多的景观设施，共同打造了一个人与自然亲密接触、和谐相融的世界。

新加坡的绿地约占其领土面积的47%，这不仅使新加坡成为世界上最为绿意盎然的国家之一，还有效地遮蔽了赤道地区强烈的阳光，降低了气温。这些绿色植物还可吸收空气中大量的污染物，过滤有害微粒，并提供新鲜的氧气。

考虑到这种深远的影响，以及摩西 · 萨夫迪的大力支持和他具有突破性的想法，星耀项目完全符合樟宜机场的需求。这里将成为新的门户之地，代表新加坡为人们提供最宜人的绿色环境。

一种新型温室

根据以往的经验，要实现在玻璃建筑中种植植物通常要消耗大量的能源。由于玻璃并不是一种很好的绝缘体，因此必然形成温室效应。维多利亚时代的温室，如英国皇家植物园和美国纽约植物园的温室，为了获得尽可能多的光线和太阳能，都是采用压铸玻璃建造的单层玻璃温室，因此需要大量的能源对室内进行升温和冷却调节。而现代温室，如圣路易斯的人工气候室，引入了类似"涡旋"气流这样的创新空调系统，使植物的生长环境更加舒适，然而仍然不能完全解决能源消耗的难题。但是，现在关于这方面的研究已经取得了很大的进展，如位于英国康沃尔的伊甸园使用的那个犹如气泡的结构。那个结构通过先进的建筑管理系统、双层绝缘ETFE外壳、可持续材料，以及利用屋顶光伏系统和雨水收集系统等可再生能源规划，实现了温室功能与能源可持续性之间的平衡。

在星耀项目中，我们的团队需要执行一项颇具挑战性的任务：引入自然光线，展示自然之美，并调节温度、湿度和空气流动，以提供人体感到舒适的恒定环境，同时将建筑的能源需求降至最低。我们进行了大量的研究以求得这种平衡，同时确保空间中的这些系统尽可能隐蔽，这样游客就不会注意到这些给他们创造舒适环境的设备。

模拟日光

设计团队和机场管理层花费了几个月讨论如何满足人类和植物对光

一层的楼板使用了拥有冷却系统的集成地板。上方森林
谷的种植容器中采用了置换冷却系统，隐藏于人们的视
线之外。雨漩涡（中）和列车高架桥（右）正在进行组装

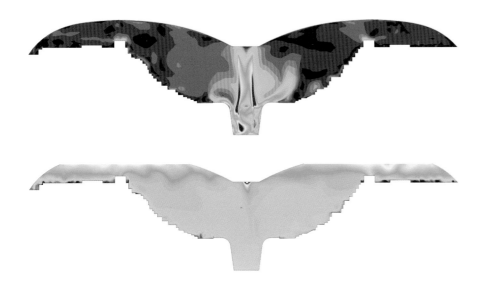

在施工开始之前，模拟风速（上）和气温
（下），为设计提供依据

森林谷的日照水平和太阳照射量分析图，可以
帮助景观团队为每个花园的植物确定适当的日
照水平

和热的不同需求。主要问题在于植物需要的光照量高于人类，而且光照强度的提高会造成温度的上升，而上升的幅度是不可预测的。因此，项目的立面优化旨在根据植物配置和种植位置，确保建筑不同部分的光照水平有所不同，同时将空调系统的负荷降至最低。

通过将BIM三维模型与光线跟踪和照度预测软件相连，我们模拟了一年中每小时通过网格屋顶外壳中三角形单元射入室内的光线。这种模拟技术使设计及工程具有更大的灵活性，并允许我们从能源需求和使用方面评估许多不同的玻璃材料和表面涂层的性能。

最终，星耀选择的玻璃涂层可将62%的太阳能转化为可见光，将33%的太阳能转化为热能。玻璃料的图案使建筑呈现出多变的外观。在诸如活动广场这样没有植物、不需要日光的地方，玻璃料和电动遮阴装置进一步降低了室内空间对空调的需求。

在保持高水平光照的同时，限制太阳能热增益的能力，可以提高室内花园的舒适性，降低其对空调的需求，进而减少服务需求，以及对机房空间和能源的使用。

我们与PWP景观建筑事务所的合作在这一方面显得尤为重要。对日光的分析帮助我们了解了特定区域的可用光，于是，我们采用迭代的方法对植物选择和景观效果进行了评估，并通过调整玻璃的表面性质来满足需要较强光照水平的植物的需求。

热舒适性和系统

植物受到的影响主要来自太阳的长期光照，而人类更关心的是瞬时感受，也就是舒适度。为了在保持室内空间具有良好的舒适度的同时降低对能源的需求，我们计划只调整人类使用的区域，并利用空间的建筑形式，优化来自雨漩涡等景观的半自然气流。

在热带地区，人们在没有空调的空间内仍然大量使用机械风扇，而在大多数使用空调的空间内，空气的流动性又会相对较差。我们在星耀内开发了一种融合的解决方案，创造出高于正常速度的空气流动效果，给人以半室外环境的感觉，同时又增加一定的冷却效果，以降低过高的太阳能热增益。

在星耀的内部，空气的流动主要是通过为低层的空间提供清凉、干燥但流动速度较快的空气实现的，这能创造出类似微风的效果。此外，大多数坚硬的地板下都有冷水管道从中穿过。空调系统通过空间分层设计将热量送到高层空间（因为植物比人类需要更多的热量），将凉爽的空气留在人类活动的区域。

我们在实验室进行了一系列试验，利用辐射热源来模拟太阳热增益的影响，以确定空间内的合适风速。同时，基于滨海湾花园内花穹的游人的热舒适度信息，对试验结果进行校准。

通过直接的蒸发作用，位于建筑中心的雨漩涡可以产生一种微冷却效果。但是，它产生的干扰气流对我们的混合置换通风系统也是一种复杂的挑战。计算流体力学的测试表明，瀑布下落的水滴会将分层的热空气从空间的顶部带到较低的区域，并在下层产生额外的热量和湿度。随后的模拟结果显示，在雨漩涡底部的周围安装连续的玻璃护栏将有助于控制热量和湿度在周围空间的扩散。

空中列车隧道

从建筑中穿过、横跨森林谷的空中列车是星耀最引人注目的特色之一。在最初的设计中，列车轨道被完全封闭在一条玻璃隧道之中，以保证室内花园的冷空气不外泄。然而，这条玻璃隧道却阻挡了旅客在车内观赏花园和雨漩涡的视线，因此我们非常希望能解决这一问题。

经过大量的研究分析之后，我们决定在隧道穿越星耀的入口和出口处设置四套联动的快速活动门（类似用于车辆进出冷藏库的快速门）。四套门按照顺序快速开合，尽量避免冷空气的外泄。同时，空中列车在进入隧道时需要减速，从而将活塞效应降至最低，也就是减少列车前面推入的和后面带入的空气。

从其他航站楼开来的空中列车正好穿过星耀所处之地，这意味着列车往往会同时从两边到达。每趟列车都会将少量的空气推入建筑之中，但是气流的速度相对较低。然后，这些暖空气会被反向开出建筑的列车推出去。大量的计算流体动力学模拟试验证明了该方案的有效性，帮助其获得了新加坡建设局的批准，尽管它与正常标准还存在着一定的差距。

随着空中列车接近星耀，旅客将拥有极佳的视野，可以看到安装在站顶上的1 381块额定功率为463千瓦的太阳能电池板阵列。星耀项目中共安装了两组类似的太阳能电池板阵列，总输出功率可达830千瓦，这也是亚洲最大的太阳能电池板阵列之一。凭借综合能源效率措施和这一可再生能源提案，星耀已经获得了新加坡建设局的绿色标志超金级评级。

星耀是一座真正的现代建筑，采用了最新的数字模型设计，以具有高度确定性的方式预测了其空间在所有条件下的性能表现。在新加坡充满挑战的环境中，如果不充分了解空间的舒适程度，为人们和植物建造如此巨大的公共空间是不可想象的。用于模拟和预测这些条件的技术依赖于Atelier Ten公司的物理学家们——他们出众的计算机使用能力以及多年来积累的经验。这就是现代交互设计的精髓——经验、分析和并肩协作。

这座全新的玻璃温室推动了传统温室类型学的发展，通过优化建筑封闭结构、空气流动、空调、能量回收等系统和利用可再生能源，为空间提供了最佳的舒适度和日光照明，同时将能源消耗降至最低。与此同时，我们还尽量让这些系统隐藏在人们的视线之外，这与传统的欧洲植物温室大相径庭，因为在那里，维护植物的生长才是重中之重。

在这座可以说是世界上绿化最好的城市里，作为世界最佳机场之一的新中心，星耀的巨大投资体现了一种信仰——对人类而言，最大的快乐莫过于舒适地沉浸于自然之中，并对大自然产生敬畏之心。随着这座非凡建筑的正式启用，全球机场必将发生脱胎换骨的变化。

雨漩涡底部周围的玻璃护栏有助
于控制附近热量和湿度的扩散

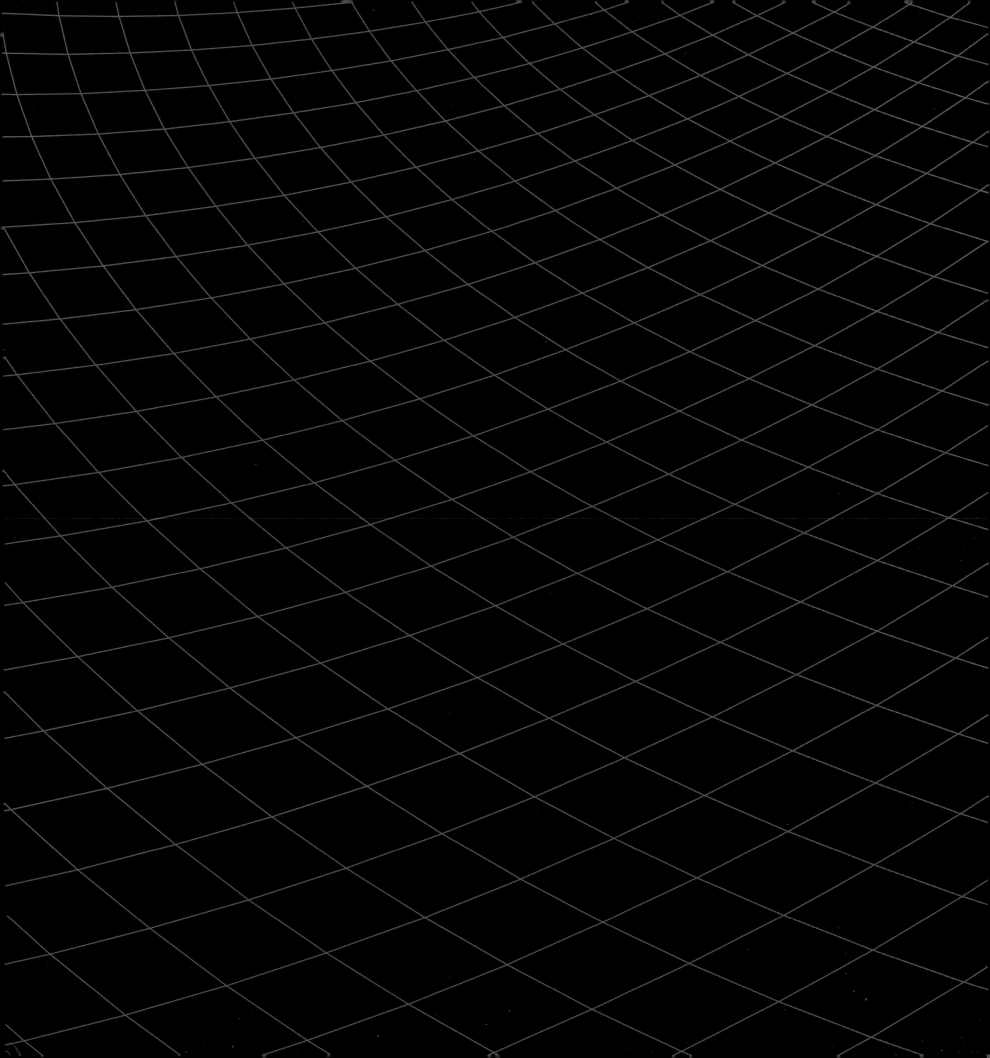

Appendix

附录

供稿人

山姆·卢贝尔（Sam Lubell）是一位作家、摄影师和策展人。他曾为菲登出版社（Phaidon）、里佐利出版社（Rizzoli）、大都会图书出版社（Metropolis Books）、莫纳塞利出版社（Monacelli Press）和奥罗出版社（Oro Editions）编写过10部关于建筑的书籍。他还为《纽约时报》（*The New York Times*）、《洛杉矶时报》（*The Los Angeles Times*）、《建筑文摘》（*Architectural Digest*）、《墙纸》（*Wallpaper*）、《现代创意家居》（*Dwell*）、《连线》（*Wired*）、《大西洋月刊》（*The Atlantic*）、《大都会》（*Metropolis*）、《建筑实录》（*Architectural Record*）、《建筑师报》（*The Architect's Newspaper*）、《建筑师杂志》（*Architect Magazine*）等出版物撰稿。此外，他还参与策划了很多展览，包括在美国皇后区艺术博物馆举办的"未建成的纽约"展览，以及在A+D建筑和设计博物馆举办的"未建成的洛杉矶"展览。

廖文良（Liew Mun Leong） 是新加坡樟宜机场集团和盛裕集团的董事会主席。盛裕集团是一家大型城市和基础设施发展咨询集团。廖先生还是新加坡交易所、新加坡中国基金会和华社自助理事会的董事。此外，他还担任淡马锡基金会主席兼高级国际顾问，以及新加坡国立大学商学院管理咨询委员会和新加坡国立大学继续教育及终身教育学院行业咨询委员会主席。

李绍贤（Lee Seow Hiang）是新加坡樟宜机场集团的首席执行官兼董事会执行董事、新加坡樟宜机场管理投资有限公司的副董事长、星耀樟宜机场控股集团的董事和樟宜基金会董事会的主席。他还担任国际机场理事会（ACI）亚太地区委员会主席，也是ACI世界理事会成员。此外，他还是新加坡职工总会平价超市（NTUC FairPrice）和SMRT集团的董事会成员。

摩西·萨夫迪（Moshe Safdie）是一位建筑师、城市规划师、教育家、理论家和作家。萨夫迪秉承全面和人性化的设计理念，致力于通过地理、社会和文化元素来定义空间，并使空间响应人类的需求和愿望。在50多年辉煌的职业生涯中，萨夫迪以独特的视觉语言创造了一个个体现了社会责任感的设计作品。他已经完成的项目涉及的类型极为广泛，包括文化、教育、公共建筑、住宅、多用途城市中心和机场，以及老旧社区重新规划和新城区总体规划等。他的项目遍布南、北美洲和亚洲。萨夫迪毕业于加拿大麦吉尔大学（McGill University），并于1964年创立了自己的事务所，以实现栖息地67号住宅区（Habitat 67）项目。该项目的设计是以他的毕业论文为基础修改的，是现代建筑的转折点。因其在建筑设计中表现出的社会关怀，萨夫迪获得了2019年沃尔夫建筑奖（Wolf Prize in Architecture）。

雅龙·卢宾（Jaron Lubin）是萨夫迪建筑事务所的负责人，他与摩西·萨夫迪共同设计了范围广泛的项目方案，赢得了众多的项目竞标，并实现了这些地理环境和规模各异的项目。卢宾负责领导星耀樟宜机场的设计团队联盟，精心安排设计投标工作，并在设计开发中管理团队。他曾是滨海湾金沙（Marina Bay Sands）空中花园栖息地的项目建筑师，并主持设计了滨海湾金沙度假村、天空栖息地（Sky Habitat）住宅开发项目和新加坡艾迪逊酒店（EDITION Singapore）的扩建设计工作。

查鲁·科凯特（Charu Kokate）是萨夫迪建筑事务所的负责人、新加坡分部的主任以及东南亚事务的负责人。科凯特负责监督滨海湾金沙度假村和天空栖息地住宅开发项目的设计和施工工作。作为星耀樟宜机场的项目总监，她领导了项目的设计整合与施工进程。目前，科凯特正在监督新加坡艾迪逊酒店、盛裕集团新全球总部、新加坡城区生态花园、斯里兰卡科伦坡的牵牛星公寓（Altair Residences）等项目的设计和建设工作。

亚当·格林斯潘（Adam Greenspan）是PWP景观建筑事务所的执行合伙人。他是一系列项目的首席设计师，包括公共空间、校园、房地产项目，他还主持了滨海湾金沙度假村、马里兰州波托马克的格兰斯通博物馆（Glenstone Museum）和艺术公园的设计投标活动。

克雷格·施维特（Craig Schwitter）是英国标赫工程设计顾问公司的合伙人，20多年前在纽约创立了该公司的第一家北美分公司。在他的领导下，该公司已扩展到美国的多个城市，目前在美国各地区拥有近240名员工。施维特主管的项目跨越了多个领域，包括文化、高等教育、民用、交通、体育等。

克里斯托巴尔·科雷亚（Cristobal Correa）是英国标赫工程设计顾问公司纽约分部的项目总监，负责张力结构、立面、艺术装置、大跨度结构、体育场、临时建筑，以及传统的混凝土和钢结构建筑的设计工作。

帕特里克·贝卢（Patrick Bellew）是Atelier Ten公司的创始董事，并被授予英国皇家工业设计师头衔。贝卢参与了Atelier Ten公司在世界范围内的11家分公司的项目工作。他在环境和建筑系统与建筑的集成方面有着丰富的经验，在热储能技术、环境建筑设计和建筑高效空调系统方面尤为专业。

梅雷迪思·戴维（Meredith Davey）是Atelier Ten公司的董事。他领导了一系列国际项目工作，并重点关注高性能设计、能源效率和可持续性等领域。戴维负责领导公司的英国环境设计实践和建筑工程团队。除了星耀项目，他参与的项目还包括新加坡滨海湾花园、加利福尼亚的谷歌全球总部和伦敦的谷歌欧洲总部。

亨利·伍恩（Henry Woon）是Atelier Ten公司新加坡分公司的主管，他擅长将计算机模拟功能与建筑原则相结合，提供高性能的工程方案。伍恩领导的项目遍布世界各地，包括中国的梅溪湖绿色建筑展示中心和土耳其的TMB公司总部。在星耀樟宜机场的施工阶段，他与设计师和承包商团队密切合作，确保项目符合新加坡的所有环境设计标准。

马丁·C.佩德森（Martin C. Pedersen）是一位作家和编辑，目前是《大都会》杂志的执行编辑。

项目团队

委托方: 樟宜机场集团（Changi Airport Group）、凯德置地集团（CapitaLand）、星耀樟宜机场发展有限公司（Jewel Changi Airport Development）

主创建筑师: 萨夫迪建筑事务所（Safdie Architects）

执行建筑师: 雅思柏建筑设计事务所（RSP Architects）

零售区室内设计: 贝诺设计（Benoy）

景观设计建筑师: PWP景观建筑事务所（PWP Landscape Architecture）

景观建筑师: ICN国际设计有限公司（ICN Design International Pte Ltd）

水景专家: WET公司

照明设计: 照明规划师合作事务所（Lighting Planners Associates）

屋顶和立面设计师: 英国标赫工程设计顾问公司（Buro Happold）

执行工程师: 雅思柏工程师事务所（RSP Engineers）

机电工程师: 莫特·麦克唐纳新加坡私营有限公司（Mott Macdonald Singapore Pte Ltd）

建筑服务工程师: Atelier Ten公司

消防安全工程师: IGnesis公司

导向和标识系统: 五角设计联盟（Pentagram）、恩特罗通信公司（Entro Communications）

声学顾问: ARUP声学工程公司（ARUP Acoustics）

建筑维护: Access Advisors公司

工料测量师: 阿卡迪斯新加坡私营有限公司（Arcadis Singapore Pte Ltd）

主承包商: Woh Hup公司、大林新加坡分公司（Obayashi Singapore）

工程制图: Neoscape公司

团队成员

樟宜机场集团

董事会主席：Liew Mun Leong（廖文良）

首席执行官：Lee Seow Hiang（李绍贤）

执行副总裁：Lim Peck Hoon

凯德置地集团

总裁兼首席执行官：Lim Ming Yan

首席执行官：Lim Beng Chee

副执行官：Simon Ho

新加坡及国际总裁：Jason Leow

首席零售创新官：Wilson Tan

团　队：Chet Siew Chng, Jacqueline Lee, Khor Ching Wei, Kia Sing Low, Simon Yong, Tan Boon Seng

星耀樟宜机场发展有限公司

首席执行官：Philip Yim / Hung Jean

项目负责人：Ashith Alva

项目副主管：Philip Su

项目：Leong Wei Hao

团队成员

用户体验：Diane Hioe, Jeremy Yeo, Koh Ji Lei

租　赁：Adeline Hong, Amanda Ong, Candy He, Cherie Chan, Cheryl Ng, Crystal Tan, Jan Tan, Jeslyn Koh, Keith Kek, Steve Chan, Tan Mui Neo, Tricia Ng, Winnie Tan, Wong Man Ling

项目成员：Angeline Ang, Cheong Siew Hong, Cheng Liping, Erinna Pak, Fiona Chua, Goo Chuen Cheng, Ignatius Chin, Jocelyn Loke, Joel Sudhakar, Joyce Tan, Kelvin Wong, Khaja Nazimuddeen, Koh Lok Joon, Koh Ming Sue, Lee Xin Rui, Lim Chee Yong, Lim Teck Koon, Lim Zhi Yang, Lye Boon Kiat, Nikkole Ng, Norman Yapp, Ong Wee Boon, Samantha Lee, Shirlene Sim, Stephanie Pang, Su Huixin, Susan Tang, Tan Meiling, Yan Qingling

萨夫迪建筑事务所

首席设计师：Moshe Safdie（摩西·萨夫迪）

项目负责人：Charu Kokate（查鲁·科凯特），Jaron Lubin（雅龙·卢宾），
Greg Reaves

团　队：Andrew Tulen, Anthony DePace, Benjy Lee, Damon Sidel, Dan Lee,
David Foxe, Gary Branch, Isaac Safdie, Jack Moeller, Jeremy Schwartz, Karlo De
Guzman, Marshall Peck, Peter Mark Morgan, Reihaneh Ramezany, Seunghyun
Kim, Tan Lee Hua, Temple Simpson, Yinette Guzman

雅思柏建筑设计事务所

总经理：Lee Kut Cheung

项目总监：Ronny Soh

副董事：Chris Tan，David Tan，Nina Loo

团　队：Darren Tee, Ellyn Teng, Emily Seck, Gareth Wong, Jeral Lai, Roderick
Delgado, Sean Chew, Sean Mulcahy, Soon Lay Kuan, Thomas Wong

贝诺设计

董事：Terence Seah

团　队：Clement Kho，Ernest Ng，Gina Goh，Lee Lim Qing Ping，Mark Chen，
Max Chung

PWP 景观建筑事务所

合伙人：Peter Walker，Adam Greenspan（亚当·格林斯潘），Julie Canter

团　队：Chelsea DeWitt，Doug Findlay，Eustacia Brossart，Jennifer Corlett，
Laurel Hunter，Michael Dellis

ICN 国际设计有限公司

执行董事：Terrence Fernando

董事：Henry Steed

团队：Carol Chuah Mei Ling，Chia Jui Siang，Tomoki Mita

WET 公司

首席执行官：Mark Fuller

项目总监：Tony Freitas

团队：Tim Hunter（高级设计师），David Duplanty（首席建筑师），Paul
Woody（建筑设计师），Sean Neprud（项目工程师），Jim Scheffler（音响

系统工程师), Steven Burkholder(系统集成师), Kranti Vangipuram(控制工程师), Gautam Rangan(动画设计师), Lachlan Turczan(编导), Ting Zhang(体验可视化设计师), Peter Kopik(设计总监), Jose Aleman(现场技术员), Chuck Schmitz(模型和测试主管)

照明规划师合作事务所

负责人: Kaoru Mende

团　队: Gaurav Jain, Hattori Yusuke, Niken Wulandari, Phraporn Kasemtavornsilpa, Ryan Valentino, Shunichi Ikeda, Sunyoung Hwang

英国标赫工程设计顾问公司

合伙人: Craig Schwitter(克雷格·施维特)

项目负责人: Cristobal Correa(克里斯托巴尔·科雷亚), Hormoz Houshmand

团　队: Alexandra Vlasova, Chandra Dinata, Georgios Papadogeorgakis, Gustav Fagerstrom, Jeff Thompson, John Ivanoff, Katherine Chan, Liam McNamara, Rachel Shillander, Roger Liu, Shrikant Sharma, Trevor Stephen Lewis, Whitney Lee

雅思柏工程师事务所

执行董事: Lai Huen Poh

团　队: Anthony Tan, Edwin Ong, Ho Peir Meng, Jessica Lim, Lai Chung Hee, Nathanael Yong

莫特·麦克唐纳新加坡私营有限公司

项目负责人: Tan Chee Chuan

项目经理: Ong Thiam Guan

技术总监: Soh Kai Yea

团　队: Jade Bai, Koh Pei Xin, Lim Wi Hong, Sandy Lim, Welmina Chua, Xu Wei Wei

Atelier Ten 公司

董事: Patrick Bellew(帕特里克·贝卢), Meredith Davey(梅雷迪思·戴维), Henry Woon(亨利·伍恩)

团　队: Ace Glen Garcia, Ajay Shah, Chris Killoran, Corinna Gage, James Sheldon, Nikolai Artmann, Reinier Zeldenrust, Seohaa Choi, Tilly Lenartowicz

IGnesis 公司

董　事：Henry Ho

团　队：Ang Shue Ni，Toh Yun Ying，Wong Yin Ying

五角设计联盟

Michael Gericke，Don Bilodeau，Jed Skillins

恩特罗通信公司

Anthony Chua，Gordon McTaggart，Raymond Cheung，Wayne McCutcheon

ARUP 声学工程公司

Alban Bassuet，Clemeth Abercrombie，Jingfeng Xu，Nick Boulter

阿卡迪斯新加坡私营有限公司

董事：Seah Choo Meng

高级主管：Tricia Tang

团　队：Chloe Foo, Ho Kong Mo, Hong Koh Tee, Jason Ling, Josephine Lee, Tim Risbridger

Woh Hup 公司

董事长：Yong Nam Seng

副董事长：Yong Tiam Yoon

执行董事：Neil Yong，Yong Derong，Ngiam Siew Kim

项目总监：Ng Yew Hung

项目副总监：G. Gunasekaran

团队:Goh Hock Jin（高级现场经理），Chai Koh Fong（高级现场经理），Cao Baochun（现场经理），Han Kongjuan（现场经理），Stella Chung（合约经理），Andrew Neo（机电经理），Cong Zhengxia（技术经理），Wong Keam Tong（工程总监），Tan Beng Chwee（机电总监），Loo Eng Teck（高级合同经理），Selvamani Murugappan（质量管理经理），Ong Chin Chong（架构经理）

大林新加坡分公司

常务董事：Lee Aik Seng

执行董事：Jun Narasaka，Atsushi Nakagawa

项目副总监：Hidefumi Sakurai

团队：Yoshiyuki Tsutsui（施工经理），Yeo Ek Eng Ivan（机电经理），Sun

Yuezhen（设计经理），Ho Peck（合同经理），Ng Siew Loong（BIM 经理），Natarajan Kannan（现场经理），Yong Jyh Yih（施工经理），Lee Boon Hock（现场经理），Koh Keng Hock（现场经理）

分包商

Alto 公司（室内环境照明）、Alucobond 公司（金属面板）、B&B Italia 公司（桌子）、Bega 公司（杆灯和脚灯）、Benaire 工程私营有限公司（地板格栅）、博世（Bosch）公司（公共广播和 EVC 系统）、Briton 公司（硬件）、Chien Noir Sarl 公司（跳网）、Choon Hin 不锈钢私营有限公司（外墙立面）、CLF 百叶窗亚洲私营有限公司（安全格栅）、Colt 百叶窗公司（百叶窗面板）、CoxGomyl 公司（建筑维护）、CSG 控股（玻璃板）、Deshin 工程与建筑私营有限公司（金属配件）、Designbythem 公司（椅子）、Dormakaba 公司（滑门）、DSG 工程新加坡私营有限公司（Yotel ID 工程）、探索博物馆（Exploratorium）（展览）、Elmes 公司（硬件）、Endo 公司（室内环境照明）、Etesse 地毯公司（地毯）、Fast Flow 新加坡私营有限公司（落水管）、Fitz Hansen 公司（椅子）、Flamelite 新加坡私营有限公司（连接桥玻璃门）、Formica 公司（塑料层压板内部饰面）、Fuji 标志牌工业私营有限公司（标志牌）、GB 灌溉私营有限公司（灌溉系统）、GNT 玻璃有限公司（玻璃栈桥玻璃地板）、Guthrie 工程新加坡私营有限公司（ACMV 系统）、+Halle 公司（椅子）、Hart 工程公司（工程防烟）、Hi! 服务业私营有限公司（金属制品）、Hitachi 水—技术工程私营有限公司（水景）、HK 照明公司（树上照明和外部照明）、Hwaco 钢铁公司（玻璃栈桥不锈钢包层）、iDAS 技术公司（工程烟控）、Imperfecto 实验室（椅子）、King Wan 建筑私营有限公司（管道和卫生工程）、KKDC 公司（小道脚灯）、Kvadrat 公司（室内装潢）、LG Hi-Macs 公司（室内饰面固体铺面）、LHL 国际私营有限公司（连接桥梁、玻璃电梯和樟宜机场空中列车系统的护栏）、LNT 涂层公司（ETFE 钢制品）、Lumenpulse 公司（立面外部照明）、Lutron 公司（照明控制系统）、Macalloy 公司（玻璃栈桥电缆）、Maerich 公司（玻璃栈桥照明）、马奎斯（Marquis）与杨国胜（Nathan Yong）（椅子）、Mero 亚太私营有限公司（屋顶立面）、Metalix 公司（楼梯）、Meyer 公司（射树灯）、M&G 公司（熔岩砖）、美利肯（Milliken）公司（地毯）、Muuto 公司（餐桌）、Officium 公司（步行网）、Panframe 公司（隔音天花板）、Passage 工程公司（ETFE 系统和玻璃栈桥）、Porada 公司（桌子）、Prime 结构工程私营有限公司（设计和建设玻璃栈桥）、Reynolds 聚合物技术公司（雨漩涡的丙烯酸材料）、Roblon 公司（光纤）、Rockfon 公司（隔音天花板）、Ronstan 国际公司（天棚电缆）、Schindler 电梯（新加坡）私营有限公司（电梯、自动扶梯和自动人行道）、Shinryo 新加坡私营有限公司（空调）、SolarGy 私营有限公司（光伏系统）、Sprinkler 工程公司（防火系统）、Sunray 木工建筑私营有限公司（公共区域的标识制品）、Synthesis 公司

（铝板）、Tacam 钢铁私营有限公司（金属门）、Technolite（新加坡）私营有限公司与 Futuro Luce 公司（建筑灯具的设计、供应和交付）、TEHC 国际公司（软景观）、TET 工程和金属制品公司（ETFE 系统）、Tokistar 公司（室内零售区墙壁照明及悬吊照明）、Topmast 工程私营有限公司（壁板 T1E）、Tractel 新加坡私营有限公司（廊桥）、UG M&E 私营有限公司（电气）、Ushio 亚太公司（生长照明系统）、Valoya 公司（生长照明系统）、Vector Foiltec 私营有限公司（ETFE 系统）、Venturer 私营有限公司（木平台）、Vitra 公司（接待家具）、Vitro 建筑玻璃公司（玻璃板）、We-ef 公司（活动空间和外部照明）、Won-Door 公司（消防门）、YJ 国际公司（室内滚轴遮阳板）、Yongnam 工程和建筑私营有限公司（钢结构工程）、Zumtobel 公司（筒灯外部照明）

Neoscape 公司

Carlos Cristerna，Dan Ferraro，Dave Parmenter，Jason Addy，Jerry Chen，Vasilli Shields

图片版权说明

Atelier Ten 公司

140（所有图片）

英国标赫工程设计顾问公司

131、132（所有图片）、134（所有图片）、92（左下）

樟宜机场集团

11

戴伦·苏（Darren Soh）

4/5、30/31、45、47、64、66/67、70/71、78、80、81、82/83、94/95、96/97、98/99、100/101、102/103、104/105、106/107、108/109、110/111、120、128、129、142/143、封四

Full Bleed 私营有限公司

封一

Hong Ray 摄影

93（左）

马修·皮尔斯伯里（Matthew Pillsbury）

87

Neoscape 公司

16/17、26/27

PWP 景观建筑事务所

124（所有图片）、126（所有图片）

罗尼·苏（Ronnie Soh）

135

萨夫迪建筑事务所

12/13、20、21、22、24/25、44、51、52、57、58、59、65、72（右下）、92（右中和右下）、114（所有图片）、115（除中间图以外的所有图片）、117、118、121、136/137、139

蒂莫西·赫斯利（Timothy Hursley）

扉页后跨业图、32/33、35、36、38、39、40、43、46、48、49、50、53、54/55、60/61、62、63、68/69、74/75、76/77、79、91

WET 公司

115（中）

文献图片

8/9

1 号航站楼的夜景（2012 年）、知识共享组织（Creative Commons）图库

19

（左上）《伊甸园》（*The Garden of Eden*，1610—1612 年），蒂森·波尔内米萨博物馆收藏（Museum: Thyssen-Bornemisza Collections），老彼得·勃鲁盖尔（Pieter Bruegel, the Elder）画，Jan/Alamy Stock Photo 版权所有；（右上）《巴比伦空中花园》（*Hanging Gardens of Babylon*，16 世纪），Martin Heemskerck/Alamy Stock Photo 版权所有；（左中）《世界古代奇迹之巴比伦花园》（*Ancient Wonder of the World，Gardens of Babylon*），Science History Images/Alamy Stock Photo 版权所有；（左下）一幅中国画的一部分（2006 年），陈鸣楼画，知识共享组织图库；（中下）《世界古代奇迹》（*Wonders of the Ancient World*，19 世纪），World History Archive/Alamy Stock Photo 版权所有；（右下）巴别塔（*The Tower of Babel*，1563 年），老彼得·勃鲁盖尔画，Dutch School/Alamy Stock Photo 版权所有

88

（左）《1967 年魁北克蒙特利尔世博会》（*Expo 67 in Montreal Quebec*，1967 年），Canada Bill Engdahl/Library of Congress Prints and Photographs Division 版权所有；（右）《穿越世界航空公司航站楼，约翰·肯尼迪机场（原名爱德威尔德机场），纽约市，纽约州，1956—1962 年问讯处》[*Trans World Airlines Terminal, John F. Kennedy (originally Idlewild) Airport, New York, New York, 1956 – 1962 Information Desk*]，Balthazar Korab / Library of Congress Prints and Photographs Division 版权所有

123

《热带雨林清晨的薄雾，马来西亚婆罗洲沙巴岛》（*Mist, over tropical rainforest, early morning, Sabah, Borneo, Malaysia*，2015 年），Jon Arnold Images Ltd. / Alamy Stock Photo 版权所有

照片墙（Instagram）

72

（左上）Zipeng Lee @zippyzipeng;（中上）@seekuan_sk;（右上）Vivian Nguyen @viviannguyen8x;（左下）Susan Koh @ajugglingmom;（中右）Ivanna Megdalena @ivannamagdalena

73

（上左）Madeni Jais @muddyknee;（上右）@dionisiusnio;（中左）Kelvin Ang @cheekiemonkies;（下左）Zipeng Lee@zippyzipeng;（下中）Ivan Kuek @phonenomenon;（下右）@changiairport

92

（上左）i-Weekly @iweeklymag;（上中）Nola Baldy @riafinola;（上右）@avril__24;（中左）@choypeng-chong;（中）Takashi Murakami @takashipom;（下右）@taramilktea

83

（右上）@a-hugomarc;（右下）@yoga3ozquin

致 谢

星耀樟宜机场是樟宜机场集团与凯德置地集团携手创作的杰作，也是我们共同的愿景。我们衷心感谢为实现这一愿景而不懈努力的星耀樟宜机场开发有限公司团队，感谢所有为项目的成功做出贡献的团队成员，包括那些无法在这里一一列出名字的成员。

我们已尽力追踪本书中所使用材料的原始来源。特别感谢迈克尔·格里克（Michael Gericke）、马特·麦金纳尼（Matt McInerney）、苔丝·贝克汉姆（Tess Beckingham）和娜塔莉·万杰克（Natalie Wanjek）在本书的出版过程中所做的努力。

图书在版编目（CIP）数据

星耀樟宜机场 /（美）山姆·卢贝尔 (Sam Lubell)，（美）雅龙·卢宾 (Jaron Lubin) 编；付云伍译 . — 桂林：广西师范大学出版社，2021.2
ISBN 978-7-5598-3314-3

Ⅰ.①星… Ⅱ.①山… ②雅… ③付… Ⅲ.①国际机场–机场建设–新加坡
Ⅳ.① TU248.6

中国版本图书馆 CIP 数据核字 (2020) 第 210928 号

星耀樟宜机场
XINGYAO ZHANGYI JICHANG

责任编辑：冯晓旭
装帧设计：吴　迪
广西师范大学出版社出版发行

（广西桂林市五里店路 9 号　　邮政编码：541004）
网址：http://www.bbtpress.com

出版人：黄轩庄
全国新华书店经销
销售热线：021-65200318　021-31260822-898
恒美印务（广州）有限公司印刷
（广州市南沙区环市大道南路 334 号　邮政编码：511458）
开本：889mm×1 194mm　　　　1/12
印张：14　　　　　　　　字数：116 千字
2021 年 2 月第 1 版　　　2021 年 2 月第 1 次印刷
定价：248.00 元

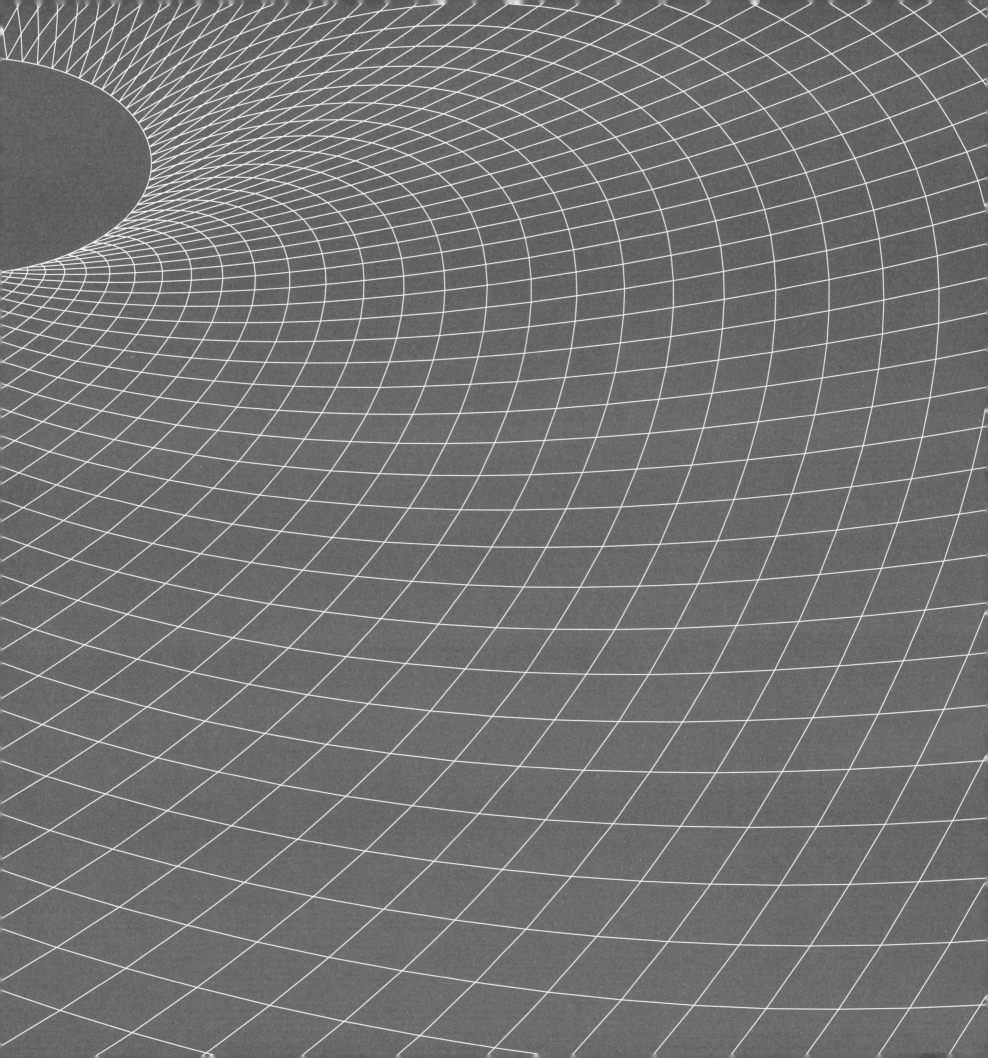

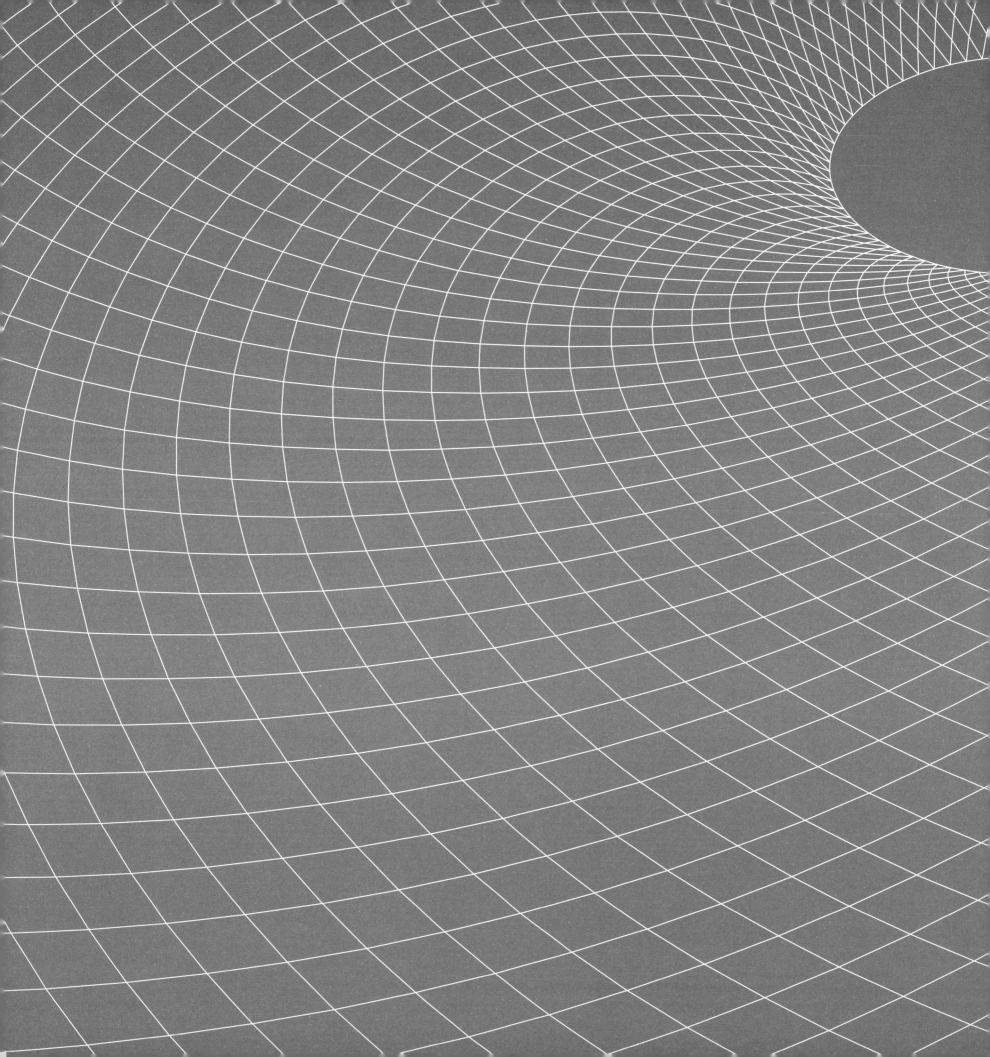